人类道德史

王洋 著

华龄出版社
HUALING PRESS

图书在版编目（CIP）数据

人类道德史 / 王洋著 . -- 北京：华龄出版社，
2023.6

ISBN 978-7-5169-2453-2

Ⅰ. ①人… Ⅱ. ①王… Ⅲ. ①道德—思想史—研究—
中国 Ⅳ. ① B82-092

中国国家版本馆 CIP 数据核字（2023）第 018866 号

策划编辑	南川一滴		责任印制	李未圻	
责任编辑	郑建军		装帧设计	周 飞	

书 名	人类道德史		作 者	王 洋	
出 版 发 行	华龄出版社 HUALING PRESS				
社 址	北京市东城区安定门外大街甲 57 号		邮 编	100011	
发 行	（010）58122255		传 真	（010）84049572	
承 印	运河（唐山）印务有限公司				
版 次	2023 年 6 月第 1 版		印 次	2023 年 6 月第 1 次印刷	
规 格	710mm×1000mm		开 本	1/16	
印 张	11.5		字 数	140 千字	
书 号	ISBN 978-7-5169-2453-2				
定 价	68.00 元				

版权所有 侵权必究

本书如有破损、缺页、装订错误，请与本社联系调换

前　　言

本书所讨论的人类指的是智人。本书所讨论的历史时间段是近几万年。这里我们暂不讨论智人与尼安德特人等其他人类的道德关系。

本书对道德的讨论暂限定于人（群）与人（群）之间。人与自然界的空气、水、土壤、细菌、病毒、动植物之间或有的道德关系，如关爱动物等本书也暂不讨论。它们更多地被视为人与人的道德中介——人破坏了自然则是以自然为中介对其他人产生不利影响。

本书所涉及的"道德"一词的含义，在此做如下澄清：

道德是人的一种有目的的意识和活动，这个意识的思考对象是另一个人或一群人，其目的性涉及他人利益。道德和伦理是近义词，区别在于道德兼顾主观意识自觉和客观行动实践——既注重脑海中发生的意识也注重实际做出的行动对他人的影响；而伦理则偏重于人与人之间的道德实践关系。在学科分类中，研究道德的学科称作"伦理学"，而很少称"道德学"。

主观道德存在的前提是意识活动的目的倾向不被其他实体控制，意志选择是自由的，即意志自由。如果出于好的目的则相当于"善"的含义，如果出于不良目的，则"不道德"相当于"恶"的含义。主观道德也需要有意识地付诸实践或无意识流露，才能表现

1

为客观的行为、语言、或神态、举止，即他人的主观道德发生了客观化才具备可观察性。这些客观化的表现及其发生的统计结果是反推证明其主观道德意识存在过的证据。

对客观化以前，即处于意识活动阶段的道德观念开展的研究，本书称其为主观道德研究。在这方面，人类如果在生物学、心理学、算法科学中对"什么是意识""什么是意志"等问题有了革命性认识后，可能会在人类范畴之外创造出具备道德的实体，因此，本书暂不认为道德是人专有的，本书也并不否认在人的范畴之外可能存在道德，例如：人工智能在与人为干预绝断之后，道德可能以算法形式存在。

本书对客观化之后的处于实践阶段的道德开展的研究称为客观道德研究。人类道德史中既包含一个主观道德观念史也包含一个客观道德实践史。道德的历史观察无疑侧重于客观研究，而主观道德观念的历史演化也受到客观因素的决定，如人口密度、民族融合性等。主观道德作为一种意识不仅存在于个体的人，也存在于人群之中，具有群体共性。道德的可观察程度，即由客观实践和表露对其群体、个体主观意识、观念和意志反映的准确性由强到弱依次是：群体道德实践统计、个体道德实践、群体言论、个体言论、个体神态和举止。在没有客观化的前提下，个体之人当下主观道德无法观察，其也无法自证，但个体在其生命存续期间的客观道德实践总和与其主观道德观念总和应是具有同一性的。群体道德意识是个体主观道德意识共性的抽提，本身具备可观察性和预判性。本书更审慎地通过历史人物的道德观念、观点的记载来评价人们当时的道德水平，而主要看重客观性较强的人或人群的实际行动及其统计结果，毕竟事实胜于雄辩。

　　具备道德意识的群体如果扩展到一个民族、一个国家乃至一个文明，这个群体意识则构成道德体系。有时"道德"一词也指道德体系，如儒家道德、基督教道德等。道德体系的发展是人类社会人口密度自然增大趋势的长期自适应结果之一。一个经过长年发展而形成的发达道德体系往往是一个成熟类型文化的核心部分之一，但发达并不代表其公平合理的程度，即社会整体道德水平高尚的程度。

　　"道德"一词在用于判断和评价时，可以指人处理一件事的具体行事动机和行为结果，例如：他这件事做得很不道德；有时也指对人固有道德观念和实践的总体评价，例如：评价此人道德高尚。

　　善恶是对道德的评价，就如冷暖之于温度。这包括对他人的客观评价，也包含对自我的主观评价。"善""恶"二词是一对矛盾体，没有一方，另一方则无从谈起。本书认为善恶均不来自客观唯心主义的本原或单纯存在的实体，善恶也没有主次之分，即一方不是另一方的派生。善恶既不是一元论的产物也不是二元论的产物，是彻底的社会关系产物。

　　道德观察中，最容易看到的是人们之间的利益关系。利益之争源自人的逐利欲望。欲望在一定分寸上是善，在不当分寸上是恶。人类道德史是一部人类的欲望发展和遏制的矛盾运动史，一部欲望的自我管理、引导史。本书的撰写者及其理论实践者至少要承认人欲望存在的客观性以及基本欲望的合理性。

　　社会生产力的进步并非带来人类道德的必然进步，它提升了人们生活水平的同时也加剧了欲望的膨胀以及欲望之间的矛盾，提高了作恶的效率。本书基本上视生产力和科技进步为道德中性。当一个事物既可用于善的目的又可用于恶的目的则被视为道德中性。人类道德的发展和演进与道德中性事物的发展和演进不可混为一谈。它们虽然有一定联系，但并不互为因果必然和相继伴随，其各自有着自身发展规律。

道德首先属于主观意识范畴，根植于人的脑海和群体意识当中，有巨大的惯性。它在某个民族或国家内部代际之间长达几百年、上千年的传承进步是渐进的、缓慢的、顽固的、曲折的。道德体系不会像以所有制为基础的社会形态变化那样在一夜之间完成。群体道德的进步无捷径可走，不会因社会形态的跨越和革命性生产方式的出现而随之突变。一个民族或国家的道德也不是一成不变地向文明方向"文"化演进，也有可能被野蛮的外部力量"野"化。中西古籍中分别记载有"大同社会""黄金时代"等古代道德风尚崇高的时期，人们在感叹世风日下的同时也应该注意到，那些小国寡民部落社会的桃花源式道德是要被人口密度持续增加和生产力发展所扬弃的。

我们对人类道德历史的观察是有一定困难的，因为史书多为胜利者撰写，其不道德的行径往往被美化为文治武功或田园牧歌。主动发动战争且取得胜利的一方的杀戮本领要强于失败的一方，因此，道德上进步一些的民族往往被道德上落后的野蛮民族所征服甚至屠灭，这是历史的常态，这也是人类道德进步缓慢的原因之一。我们对一个民族、一个国家的道德评价不能听其自我标榜，而是要尽量做一些还原工作，让死去的失败者能够复活说话，跳出当事场景的局限，以"鸟瞰"方式进行评价。这里，最客观的莫过于让统计数据说话。

大航海时代来临之前，人类各文明类型的道德发展出于各自相对封闭的环境，有着各自不同的发展进程、逻辑和水平，且发展缓慢；其后的近几个世纪，特别是互联网时代的到来，不同文明之间的道德观念会产生频繁的冲突和应答。一般而言，生产力较发达文明（道德水平并不必然较高）的文化和社会观念影响力要大一些。当代条件下，我们开展道德观察和分析时须分清哪些行为是出于该民族、国家所固有的道德观念，哪些行为是受到外来文化的影响。社会越开放，文明间交往越频繁，这种影响形成的速度就越快，其分辨难度也就越大。

目　　录

第一章　人口密度对研究的基础作用

人口密度和道德是高度相关的。原始社会结束后，一个文明道德体系的发展以及道德水平的进步是其对人口密度自然增加产生自适应的长期结果之一。

第一节　人口密度与自然环境

人口密度贯穿了人类全部历史，从人类诞生至灭亡，是无条件的。暂时撇开大规模移民星际不谈，人类生息繁衍在地球大气圈内的陆地上。我们也撇开大陆漂移与地壳运动不谈，对人口密度的讨论也基于目前世界地理版图和气候带。偶尔我们会考虑历史上小冰期及其间隔期导致气候带收缩和扩展，海平面下降和上升，以及大河冲积造陆对地理版图和民族迁徙的影响。

就近几万年人类所处的地质历史时期而言，地球上形成的气候带在地理范围上可视为相对稳定，其容纳人口生存的能力因日照、气温、海拔、降水量、土质等地理条件而变得有差异，乃至有较大差异。人总是喜欢不太冷、不太热、降水充足、海拔不高，地势平缓、蛇虫猛兽少的地方，但这类土地不是无限量的——在地球上相当多的陆地位于寒冷的南极洲、西伯利亚、加拿大和格陵兰；位于高海拔的青藏、帕米尔和南美等高原；位于干旱的撒哈拉、阿拉伯半岛、澳大利亚和蒙古戈壁等沙漠；位于亚马逊、非洲和东南亚等地的热带雨林。

除人类外，地球上其他动物都受到食物链的控制，它们有着自然的分布、丰度和密度，并趋于稳定。控制人口密度的自然因素主要有供给量和约束条件两方面。供给量主要指食物链底层的生产者（可食用植物）将无机物转化为有机物的总量以及可供饮用水量等；约束条件主要是自然灾害、瘟疫、人类自然寿命和适居土地供给。人类在摆脱自然食物链的那一刻，在上述两方面和栖息地选择上便开始掌握自己的命运，人口密度也摆脱了自然生态的束缚，并呈现波动式增加，持续至今。

就供给方面而言，人类已经通过两次产业大升级，获得供养能力的两次极大提升。原始人最早的渔猎、采集完全依靠自然赐予；待人驯服了动植物后，形成了第一次产业大升级，人口数量与开垦的耕地、牧地面积成正比增长。大工业化是第二次产业升级，由于产业分工、专业化配套协同的需求，使人口更加趋于密集，导致超大城市出现。此时，化肥、农药、转基因种子、人工光源的蔬菜大棚、大规模饲料生产和集中养殖屠宰也使人类自我供养能力再次跃升一个台阶。

约束方面，随着医药工业和医疗技术的提升，灾害预报、减灾防灾能力的加强，人的自然寿命普遍增加，此类约束减轻了。但另外一个约束则加重了——随着荒地开垦殆尽、污废处理所需占地面积的增加对人形成了新的限制，例如：核废料与核污染区域、垃圾

2

填埋场占地、全球气候变暖导致海平面上升、土地荒漠化等。特别是零星存在于人类生活区域周围的垃圾处理场，由于运输成本的缘故，这些地方不能建得太远，且选址苛刻，人们也避之嫌恶，因此也就占用了本来可以居住的宝贵土地。

人和自然的关系要经历"自然——人类——自然"的物质循环，第一部分"自然"到"人类"指的是人类促进无机物向有机营养物质的转化，形成食物；再者是人们的吃穿用度皆需向自然索取。第二部分"人类"到"自然"的过程，除了人类自身的代谢以及尸体分解外，主要是人类污废物的自然或人工降解回无害的无机物。

未来人口自我供养能力的第三次大提升将取决于：应用于上述循环第一部分的农业技术革命——人工模拟光合作用，在工厂中实现无机物向有机物的转化，实现蛋白质的工业规模生产；以及应用于循环第二部分的技术革命——对污废物的降解和无害化处理。循环的第二部分对解决人类可持续发展更为关键。人类使用过的全部无机物和大部分有机物都要变成垃圾，特别是随着科技进步和人口密度增加，人均垃圾量以及垃圾复杂有害程度陡升。马车时代，人们抛给自然界去分解的只是马粪和为数不多的马具，而汽车时代人们最终抛给自然界处理的垃圾是废铁、橡胶、电池和各种气液。

此外，人口密度越大，空间和物品共享程度越大，人们用于彼此隔离，防止交叉感染的一次性物品和洗涤、消毒用品就会越多使用。人们集会时未携带自用水壶而只喝了一口瓶装水，而大自然却要花费数百年去降解塑料水瓶。只有人类产生的废物完全降解，才能还给人类与自然界一个完好如初的边界，否则一定有部分地球表面的自然区域变为人类无法生存的垃圾场。这将在未来成为限制、缩减人类生存空间的主要因素，进而更增加了人口密度。

上述提及自然及科学方面的因素，指的是人类过去和正在经历的三个产业阶段：自然渔猎、农牧业和大工业，以及未来可能到来的自我供养能力第三次大提升后的第四阶段。从产业方面看，在每个阶段，单位土地面积上供养人口的数量也是递增的。原始渔猎社会，一至数平方千米的森林、草原所提供的果子、猎物平均只能供养一个人；在古代粗犷放养情况下，平均一公顷牧场年出栏数十只畜禽尚够一人消费；农耕时代一公顷土地按年产两千多公斤口粮计算，约可养活三五口之家；到了大工业的初期，劳动密集型企业占据主导，工业产业也吸纳了相当比重的社会劳动力，占地同样一公顷的制衣厂一年发的工资能够养活十几个工人及其家庭。进而，随着产业内部专业化分工和协作，生产各环节也需要地理上的邻近做配套，这就更加促进了人口的集中。劳动密集型大工业的兴盛时期，生产活动对人口的需求呈爆发式增加。不少地区自古至今占统治地位的农业人口——通过城镇化转化为工业人口后——而退居到了次席。即使在大工业时代的后期，随着技术进步，生产自动化，资本有机构成提高，生产出了"剩余人口"，其也转移到了服务业，被人们多样化的需求消化掉了。在生产资源跨地区配置乃至全球化配置的时代，人口密度已经脱离了农牧社会主要产品自产自销而形成的基于自然地理气候的分布，产业集中和供应链的加长也给人口密度带来了全球范围内的人为干预变化。在古代原本人口稀少的西北欧洲及加勒比海沿岸及岛屿的种植区，近代人口密度和流动性增大基本上是产业链全球化带来的结果。

考虑到上述供给、约束和产业因素后，即可计算出两个自然循环条件下，某个区域某个时期内人口数量和密度分布的最佳值和上限值。当然这需要留给人口学家和数学家利用计算机去模拟，其结果也要留给人口政策制定者去参考。人类无休止的性欲，加之战争、屠杀以及堕胎、避孕、禁欲等有意识无意识地生育自我调控总会让人类社会的人口密度在各产业阶段供养的上限与零之间产生波动，甚至剧烈波动。其中：战争与屠杀直接降低了人口密度，而堕胎、避孕、禁欲则人为干预了人口密度的增加。

第二节　人口密度与社会成员间的
基本联系数量

人口密度＝人口数量/地表面积。就公式的分子而言，当今社会，大规模致死瘟疫不断得到遏制，大规模杀戮不断受到谴责，人口数量在可预见的未来将会不断增加。摩天楼和立体交通帮助人们在单位面积的土地上塞进了更多的人口。就分母而言，在人类基本开垦了所能利用的荒地，开展围海造地后，污废物历史产生的累积量尚不大的时候，其数值出现了极大值。此后分母随着不可降解的污废物积累，即"人类——自然"后半个循环没有得到妥善解决而变小。因此人类社会的人口密度还会在一个相当长但有限的历史时期内朝增大的方向波动迈进。垃圾国际贸易出口方实际上是向他国购买了本国可供生存的空间。

我们把一块人类栖息地暂时看作一个研究对象。从空间维度上看，该空间内如果有2人，他们之间将产生1个基本联系——我们这里将两个人之间的各种联系，或血缘的，或经济的，或法律的暂都归结简化为一个基本联系。空间内有3人，他们之间将产生3个基本联系；4个人，将产生6个基本联系；5个人，10个基本联系；6个人，

15个基本联系；n个人，理论上产生1+2+3+…+（n-1）个基本联系，即（n^2-n）/2个——产生基本联系的数量与人数的平方成正比。可见，在一定空间范围内，当人口数量线性增加时，人际网络所需调和的基本联系最大值则以近似平方的数量级增加。人际联系的增加意味着发生人际矛盾、个体欲望碰撞的概率增加，且也是以近似平方的数量级增加。

从时间维度上看，我们观察，一个新人进入该空间，他可以理论上与空间内每个人发生一次基本联系。如果他因某种原因在这个空间内消失了，这些曾经存在的基本联系则构成了历史联系。只要这个人不被消灭，他的回归随时会将历史联系恢复为该空间当下的基本联系。在物流、电信和互联网大发展的今天，人和人之间的基本联系早已突破了地域限制，并在全球范围内以人的自然寿命为界持续存在。

人际间的基本联系既是静态的当下联系，也是动态的历史联系，最终都会沉淀成为历史联系，归于历史本身。一个区域若是地理开放的，无恶劣气候，且交通便利，来往流动的人口多了，即便在任何一个时刻区域内人数基本相同——密度保持不变，但与地理封闭的区域相比，它内部存在过的历史联系会多一些。地理开放性与人口密度增大都对该区域内的历史联系起到增加效果，因此这就要求我们持动态和发展的态度去观察人口密度分布。

在古代，一个民族、国家或文明的人口密度和其流动性总是一对矛盾，要么是人口稠密而定居，要么人口稀疏而游耕、游牧，不可能人口密度和流动性同时大增。因为在单位土地面积内，供人畜消费的能源是一定的，它基本上只来自该土地上作物和牧草对太阳能的转化。人口密度和流动性同时增加意味着单位面积内人畜能源消耗激增，这在古代是做不到有效能源供给的。只有现代化交通工具发明后，人们通过利用化石能源才解决了这一矛盾。

本书所观察的空间范围是地理概念中一个氏族、部落、民族、国家乃至文明的栖息地，并随人群规模增大而扩展。空间范围内的社会成员可以是个人也可是人群。人群之间如同个人一样存在当下的联系和历史联系。基于人类原始采集、农牧业时代自然形成的人口密度较大地区有中国胡焕庸线以东的东亚地区、南亚次大陆。横亘于东欧、中亚的草原是那个时代传统的欧亚游牧民族迁徙大走廊。大航海时代和工业革命之后，由于生产资源配置、殖民、种族灭绝、贩卖奴隶以及国界军事化，人为地造成了另一类全球性人口密度再分布，形成了现今的西欧、非洲、美洲、澳洲等地的特色民情。

第三节　人口密度与人自身的主客观约束，兼论将人口密度引入各门社会科学研究的意义

人口密度由远古的稀疏到现代的稠密，它会介于零与"人挨人摩肩接踵如地铁高峰车厢内"拥挤极限情况之间的某一状态。我们单从人口密度出发，就能够发现人类社会的一些普遍现象：当人口密度小，如每10平方千米1人时，人是相对自由自在的——面对空旷的原野，可以高声呼喊，甚至赤身裸体。当人口密度大，如每平方米5人时，好比在拥挤的车厢内，一个人连挪挪身子都会感觉困难，打个喷嚏都需要捂上口鼻，以防打搅他人；如果是在行进的人群中，例如：仪仗队或者节庆巡游，人要遵守必要秩序，以防止

7

混乱甚至踩踏亡人事故。我们可以先得出一个基本结论：一定空间内，人口密度越大，人际间发生冲突的可能性就越大，所需调和的人际联系的数量也越多。因此，在不消灭和转移人员的情况下，只能对人的行为进行更大约束，随之产生相对的不自由，这是无条件的。这是本书研究的一个基本前提。高人口密度和人身相对自由是一对客观矛盾。

社会范畴内对人实现约束的途径一般有两条：一个是主观自觉的自我约束，另一个是客观外部约束，包括：契约、暴力等。社会人口密度从低到高的长期趋势，随之两方面约束从弱到强，必然影响前者主观道德观念以及后者客观外部的政治、军事、法律、经济、婚姻家庭等制度的产生和发展。

人类社会至今形成了一个高度自我控制的群体，这是作者前著提出文化控制论的基本出发点之一[①]。人口密度渐增是人类文化形态发展的一个主要驱动。历史上各不同文化类型的道德伦理观念与政治、法律、经济和宗教理论的提出及定型均有其在一个较长时期内特定的人口密度条件。因此，我们就要持人口密度波动、渐增的观点对其重新审视，其中越早提出的，当时的人口密度就越低，我们就要越发慎重对待。在人口高密度条件或密度增大的趋势下，这些观点和理论体系能否继续成立？人口密度背景差异较大的社会之间，其社会科学的基本结论能否相互移植？例如：源于希腊城邦小国的西方政治理论及其后续的社会契约论能否直接移植到初始人口密度较高的社会中去？这都需要各门社会科学工作者开展再论证。

[①]　王洋：《伦理结构、尊卑与社会生产》，中国经济出版社，2011年，第45页。

第四节　文明诞生的人口密度条件以及相关地理、气候因素

人类告别洪荒而产生文明是不同部落、部落联盟、民族之间碰撞的结果，或者说是"冲突—应答"的结果。这个碰撞要么是一方消灭了另一方，这是史前野蛮时代的常事，此时冲突地区人口密度较两者之和发生锐减；要么是发生了融合、共治或者一方奴役了另一方，融合之地的人口数量是双方的加和，人口密度就会发生较大增加。此时，他们各自向往着这片肥美的冲突之地的欲望得到了调和，即双方欲望都被不同程度地约束。文明的诞生也是这个调和的结果，欲望被约束也是道德发展的结果，形成了"文明"二字的内涵之一。中华文明源自炎帝、黄帝和蚩尤三个部落的碰撞；苏美尔人和来自东方的阿卡德人形成了两河流域的早期文明；雅利安人和达罗毗荼人的冲突造就了印度文明；古埃及文明则是本地的含米特人受到东方的苏美尔人影响而产生的；古希腊文明则来自苏美尔文明和古埃及文明在海上的交汇。

民族碰撞与融合是类似"熵增"的自发过程——各种族、民族的男女在历史进程中总要自由相遇产生混血后代。这个"熵增"般的融合来自几十万年以来人群间密度增加，生产力进步，即交通、通信手段进步而使得不同种族、民族间交流日益增强的必然趋势。而数千年来产生的种姓隔离、各人群内婚制度以及数百年来产生的种族隔离和国境军事化则是在对抗这个自由、自发的过程，一时会起到些许效果，但在历史长河中，不过是螳臂当车罢了。不同肤色

人种的产生是十几万年内稳定的人群在不同纬度地区对日照条件产生的自然适应，其不能大规模长途迁徙到其他日照条件差异较大的纬度地区。交通手段的改善令这十几万年内的稳定人群不复存在了。

满足发生文明碰撞的地点总体上要能够适合人口密度增加的需求。人的生存主要是利用转化后的太阳能。植物作为食物链上的生产者，以阳光为能源将无机物转化为有机物，从而供给人畜食用。寒带地区单位土地面积上太阳辐射的功率小，作物的转化量供应不起稠密的人口。而热带雨林中的高大乔木吸收了大部分太阳能，由于古人在热带雨林地区开荒能力有限，使得太阳能的大部分无法供给到人类的庄稼和牧草，这就形成了作物与其他有机物生产者的竞争。同时，热带地区猛兽蛇虫的增多与人形成了对有机物的消费竞争，这两方面的生存竞争使得热带人口也无法变得稠密。加之，人类总体上不喜欢极寒酷热等极端天气，因此文明的诞生总是发生在温带和热带的边缘。

此外，在人类发展的各期，水源是极其重要的，除赤道附近的热带雨林外，各气候带都多多少少地有干旱期的存在。因此在水利设施发明之前，位置适宜的河流湖泊向来是吸引人气的地方。在渔猎采集时代，沿河捕鱼是支持人类长途奔袭的最佳手段——人们不用担心带的口粮是否足够，无需从原栖息地获得食物补给。社会第一次大分工后（男女分工暂时撇开不谈），游牧民族向来逐水草而居，农耕文明则视灌溉为生命线。河流附近多会形成不同部落、民族的聚居。河岸是一个近似一维的线性几何结构，却吸引着周围二维平面区域内的人和动物。人们从二维的面向一维的线聚集，是人口密度增加的过程。同一适当气候带内的河流越长，其流域范围内的民族和部落就越多，他们沿河流走向的聚集碰撞为文明古国的产生提供了良好条件。世界四大文明古国都因大河而产生——苏美尔阿卡德文明产生于底格里斯河与幼发拉底河之间；古埃及文明分布在尼罗河下游两岸；印度河与恒河滋养了古印度文明；长江与黄河造就了中华文明。

受日照影响，地球上的气候带大多呈东西向分布，南北向交替，因此东西向河流可以引起流域内具有相同定居生产方式的民族（多为农耕）产生融合。而南北方的民族由于冷热偏好不同，农业和牧业的生产方式不同，各自栖息带不大交叠，产生融合较少。在小冰期来临或巨型火山喷发时期，地球变冷，导致游牧民族向温暖地带迁徙，普遍造成了与农耕文明的冲突。但这样的气候周期一般以数百年计，而冲突过后各自又多回归了自己原本的气候带栖息。四大文明古国背靠着横亘于北温带和北亚热带，能够带来充分民族多样性的欧亚、北非大陆。其中有两河文明、印度文明和中华文明是依东西向的大河来孕育的。这些河流除发源地位于高山高寒区域外，基本在东西向上没有跨越气候带，其东西向流经的地域越大，沿流向展开融合的部落也就越多，古文明的规模就越大。同时，流域内共同治水的需求也增加了文明内聚力，因此，依黄河、长江而生的中华文明的地域与人口规模就远高于其他三个依较短东西向河流而生的古文明，加之地理相对封闭，形成了延续至今的"广土巨族[①]"。

另外一类引起人群聚集的地理条件是地峡。人类走出非洲，必须经过地中海与红海之间狭小的西奈半岛。其最窄处（约为苏伊士运河长度）只有190千米，这是非洲与欧亚大陆唯一的陆地连接。

---

① 梁启超在其《五十年中国进化概论》中提及中华民族长成了"一个硕大无朋的巨族"。

智人在这附近遇到了后来被自己消灭掉的尼安德特人，真所谓"冤家路窄"。古埃及文明也在这个狭小地带遭遇了更加古老的苏美尔文明，并得到了后者的启迪。古埃及文明蜷缩在尼罗河三角洲与第一、第二瀑布之间的狭长封闭地区内，西边是沙漠，东边是红海，向南的热带草原气候并不适合农耕，向北则是地中海。航海发达之前的时代，它与东北西奈半岛方向的诸文明形成了主要冲突和互动。

中美洲地峡孕育了阿兹台克文明。北美广袤大陆上的人们向温暖的南方迁徙，不得不在这里集中和相遇；在南美，难以翻越的安第斯山脉和太平洋东岸之间的数百千米宽的狭长地带孕育了印加文明。

地球的陆地版图和古人类艰辛漫长的迁徙让我们不得不遗憾——南温带孤悬于地球的一隅；亚马逊河虽然自西向东横贯南美，但无奈处于物种竞争激烈的热带；密西西比河由于人类迁徙到来的时间过晚，流域内人口也较少，大自然就没有留给它们孕育古文明的机会。

第五节　人口密度增加与婚姻制度的演化

原始人是社会性群居动物，大体不能独居，至少需要十几个人共同居住相互协助才能在荒原上生存。远古时代，人们最初以这十几个人组成的血缘大家庭为生存单位，一起应对自然的考验。人类最初的生存特色是大散居小聚居。这种人群之间散居密度小到甚至让一个原始人一生都不可能见到大家庭之外的人，从而也就无法从外部找到婚配对象。血缘大家庭内部乱交的结果是无法开展优生。

经过几万年甚至十几万年，人类才逐步认识到大家庭内部某些人之间是不能婚配的——首先是父母和子女之间，这个认识让原始人类从混乱状态中产生血婚制；进而同胞兄弟姐妹之间不能婚配，也令血婚制家庭进步到群婚制（普那路亚婚）。伴随着这个过程，一个原始人群被人为分为其内部不可通婚的至少两部分——氏族。氏族的产生至少是部落人数达到一定规模——其内部分化出两个或者多个氏族，且可通婚的氏族之间距离尚不能太远。此时部落已经有些规模，栖息范围内的人口密度增加了，而部落之间还是处于密度较小的散居状态，以至于人们只能在部落内部觅得婚配对象。氏族最初为母系社会，以最容易认定的母亲开展祖先追溯。随着不许通婚的"兄妹"和"姊弟"之间限制增多，群婚制开始向更加先进的对偶婚制转变。人类婚姻制度的演进，至少从血婚到群婚，再到对偶婚的阶段是以寻找优生对象为懵懂之中的核心诉求，这要求婚配双方的血缘逐渐疏远。越是向古代追溯，人们在一生中所能接触到的陌生异性就越少。人类婚姻制度的发展，必然伴随着在不熟识的人群中确定配偶，这就需要一群不熟悉的人遇到另一群不熟悉的人。只有在某一区域内，散居的大小家庭密度增大才能创造血缘疏远的男女相遇的机会。优生的直接结果是成活率、后代体力智力总体水平的提高，这才带来了人丁兴旺和生产发展。

第六节　人口密度增加与国家的诞生

当氏族不断分裂、增加，就形成胞族、部落乃至部落联盟，这样就具备了民族的雏形。氏族是部落从事生产活动的基本单位，在全员基本从事狩猎、采集和农牧业生产时，其一定数量人口所对应从事生产活动的土地面积是一定的，而且还不能距离居住地过远。随着人口的增多，部落的总疆域会扩大，但总体上，因婚配限制，部落内各氏族不能混居和杂居，因此一个部落内部各氏族之间既要保持从事生产活动的空间，又要保持嫁娶和议事的便利。这种生产和生活条件，总是伴随着部落内可供生产的土地充足，部落间距离稀疏。此时，社会的管理者是氏族、部落或部落联盟内部的机关。

随着第二次、第三次社会大分工，手工业和商业逐步兴起，人们长途旅行（贩卖）能力加强，或人群间密度增大，部落成员的居住范围根据生产需求不再囿于原来氏族、胞族的区域而杂居了起来。原先氏族、部落和部落联盟的管理机关需要从依血缘管理向依地域管理转变以适应杂居的新情况，而基于地域的管理便形成了国家的最初含义。从农业中分出的手工业、商业人口开始聚集，以发挥手工产业集中的优势和集市交换流通的便利。这些非农业人口，加之原先部落祭祀和议事机关，形成了最初的城市。国家的诞生总是伴随着城市的建立，国家的管理者及其大部分管理对象——手工业者和农耕者也总是定居在城市及周边的乡村。城乡差异首先是人口密度差异，因此国家的最初形成也和人口密度从均匀零散分布到相对集中分布的进程相一致。

此时，人员的杂居，不熟识的非家庭或非部落成员的杂居，特别是外来民族的杂居，加速了社会形态从部落（这种广义的血缘家庭）向地域管理范畴上的国家过渡，原始氏族社会就此解体了。而这种杂居无论是原住的，还是外来的；无论是外来的征服者，还是被掠来的俘虏，是不同民族之间由于客观人口密度增加而产生部落间、部落联盟间、新生民族间的碰撞结果。这些碰撞发生的地点，可观察到的最早发生在上文提及的大河沿岸、地峡附近,而最迟乃至今日都在一些原始地区持续发生。

第七节 三大文明类型和社会科学研究的三个范式

智人走出非洲后,星罗棋布地在欧亚大陆上繁衍生息。在各民族和部落发生碰撞不可避免的情况下,地理上比较封闭区域内的人们很快就意识到生存边界的存在。中华文明的周围是现今的青藏高原、横断山脉、西太平洋、塔克拉玛干沙漠以及蒙古戈壁;印度文明周围是现今的兴都库什山、喜马拉雅山、孟加拉湾、阿拉伯海、塔尔沙漠;封闭的地理条件,加之中、印文明都处于适合农业生产的温带和亚热带,使得中、印文明在其历史长河中定居人口密度大大增加起来直至今日。

中华大地上的各部落、民族之间在体质人类学上较高同源,生产、生活习惯比较类似,这为开展融合打下了良好基础。中华民族形成时期,各部落大战之后并没有对失败者普遍采取大规模赶尽杀绝的政策,而多采取同化——信仰接纳、通婚、使用共同语言的方式开展融合,争取获得被征服者文化上的认同和政治上的臣服。此后,以华夏族和汉族为主体的中国历代统治者心知肚明,黄河、长江流域空间上回旋余地大,如不融合,失败者可随时逃离形成割据。中国内部的空间广阔,地形多样,古代条件下将失败者消灭干净的成本较高。从事农业生产的失败者大多也不会因此远走高飞离开其传统栖息的肥美农耕区而脱离中华民族的活动范围。与此同时，生活在黄河、长江流域的主体民族要长期面对共同的外部矛盾——治理大河水患以及防御北方游牧部落的侵扰，这对中华民族的融合与中国传统政治模式的产生起了决定性作用。这就形成了中华文明四周地理封闭（万里长城的修建又人为增加了这个地理封闭性），内部大而广泛民族融合的传统生存格局。

相比于中华文明，印度文明所在的区域距离中东等地区较近，且其本身也位于人类从非洲向东南亚、大洋洲迁徙途径上的必经之路，因此古印度境内的人种来源相当庞杂，民族面貌十分多样。外部的雅利安人征服印度后，考虑到维持自己的特权，并没有采取种族融合的政策，而是将各民族编入种姓阶层，并开展种姓隔离制度——不同种姓阶层之间不能通婚，乃至不能接触。各民族可自由地使用本民族语言，各自在社会上从事不同的职业。雅利安人之后的历代入侵者除了穆斯林造成分裂之外，基本没有从根本上撼动过种姓制度。

包括古代两河流域文明、古埃及文明在内，以及后续的古希腊、古罗马、古波斯、伊斯兰各文明在内，它们地处地中海沿岸，是欧亚非三大洲海陆交汇的十字路口，共同特点是交通相对便利，地理相对开放，本书将其统称为地中海文明类型。更广义上，西欧半岛上诸民族以及黑海、里海、咸海这些古地中海①遗留的内海和湖泊的周围，作为欧亚草原迁徙大走廊周边地带诸民族因其地理上的共同开放性也被归于地中海文明类型范畴之内。

主宰过地中海沿岸的各古老帝国，如马其顿帝国、波斯帝国、西罗马帝国、拜占庭帝国、阿拉伯帝国、奥斯曼帝国，其周边民族

---

① 今天的地中海、黑海、亚述海、里海、咸海均为古地中海的遗迹。

星火燎原,强敌环伺,帝国竭尽文治武功的统治也难逃其临时过客的命运。加之各路民族如潮起潮落,来去无常,民族之间相互碰撞后有较大的回旋、逃离余地,乃至如蒙古、突厥、匈奴等民族能够长途往复奔袭达数千公里,因此民族不融合与低人口密度是古代地中海文明类型的常态。

鉴于此,地中海文明的各帝国也无法长期采取民族融合政策。通常做法是将自己的民族作为特权阶层,通过暴力或许以好处等方式换取他人臣服,以维持自己的统治,开展对外奴役。往往结局是,一切统治具备和完善后,掘墓人就已经在敲门了,然后他人再周而复始地来一次。因此这里的诸多文明常常断档,无法像古代中国、印度文明那样延续至今。各民族在肉体上被消灭或被驱散后,作为应对民族冲突与不调和的一股精神力量——亚伯拉罕式的一神教在这一地区被广泛认同和确立下来。这个由亚伯拉罕创建的一神教在地中海东岸发源,并按照教义理解、信奉的民族和传播地域差异而相继形成了犹太教文明、天主教文明、伊斯兰教文明、东正教文明、新教文明。我们也将其归类于地中海文明类型,乃至天主教、新教传到美洲、澳洲诸国,亦归于此。

中、印两个文明分别代表了因地理环境封闭而导致高人口密度下,民族融合与不融合的两种文明类型。地中海文明则代表了因地理开放而导致人口密度低与民族不融合的文明类型。一个文明在其形成时期的人口密度和民族融合性特征为该文明的诸多基本原则定了性。迄今为止,中、印文明一直处于较高人口密度状态,人口也未曾大规模向外拓殖,而地中海文明及其代表西方文明则是通过不断扩展空间范围——从地中海沿岸到美洲、澳洲、西伯利亚——以在较长时间内维持总体上较低的人口密度。这两个基本特征尚未有本质改变，三大文明的发展迄今也基本未曾脱离当初业已确立的轨道。

当人口密度增大后，必然导致人群内部矛盾增多。应对的方法，要么自我向外移民、殖民，要么屠杀、驱赶一部分，以直接降低人口密度；要么将因人口密度增高而产生的矛盾以某种方式，如战争、贸易、金融、舆论等向外转嫁；要么加强主客观的约束，对人口密度增加形成自适应——主观方面降低或总体或部分人的欲望而形成更加发达成熟的道德体系；客观方面加强或全体或部分社会成员的外部约束以调和矛盾。这些约束中，有的基于人们同意形成契约；有的不经人们同意而形成暴力强制。上述方式，有表层措施上的，有深层文化上的，有的可以短期实施，有的需要在长期历史进程中孕育，不同文明兼而采取，各有侧重。

在文化交流和理解不充分的情况下，特别是在自身生产力发达和诸学科开创者身份的光环照耀下，一些人建立的现有社会科学体系总会以自身人口密度与民族融合性情形去推及其他文明类型，这也决定了其学术的整体局限性。我们最终要将现有的社会科学体系加以分解——界定出哪些是适合于全人类的？哪些只适合特定社会？特别是那些只在特定社会采样调查开展研究所得出的结论尤其需要审慎对待。一个社会科学理论要适应中国社会之高人口密度高民族融合性的情形，印度社会之高人口密度低民族融合性的情形，以及包括西方社会在内的地中海文明类型之低人口密度和低民族融合性的情形之后，才能得出近似适应人类社会全部情形的结论。经过这三种范式研究的某门社会科学体系才是相对完整的，才能称得上适用于大部分人类社会的"近似普适"科学。目前各社会科学诸学科的基本研究普遍尚未按照三种范式开展完全讨论，尚有超越当前研究体系固有窠臼而产生革命性成果的发展空间。社会科学在相当意义上还有按照三个范式开展重建的必要。

　　二十一世纪的今天，如果我们把人类整体看作一个文明，那么这个文明更像中、印、地中海类型中的哪一种情形呢？暂不考虑大规模移民外星、大规模战争而减少人口密度，地球表面的生物圈是封闭的，同时由于地理边界和法律边界的存在，各国家和民族又没有开展大规模的融合，因此我们目前的地球村更像一个放大的印度社会。作者在前著中称此为"WGP四层世界伦理结构"①。未来，如果人类在相当长的历史时期内延续过去几十万年人口密度不断增大，民族和种族不断融合的大趋势，那么未来的地球村更像中、印、地中海三种文明类型中的哪一个呢？

第八节　主观道德和外部约束
（契约和法律）的关系

　　主观道德高于客观外部约束，前为本，后为末。订立自愿契约和制定强制性法律之人的主观道德和意志决定了这些契约和法律的实施目的，从而决定了契约与法的良恶。执行方面，人们可依据道德和意愿或履约守法或毁约违法；执法中侦办、诉讼、审判、量刑、仲裁、执行等诸多方面处处体现了司法者的道德把控。由此，法治很大程度上是立法者、司法者和受法律管辖之人主观道德应用于客观实践的结果。社会法治的发达程度和社会道德水平的高低并

---

① 王洋：《伦理结构、尊卑与社会生产》，中国经济出版社，2011年，第102页。

不必然对应。罗马帝国和中国战国时期秦国的法治相对完善，但也是苛政。道德高尚和低下的民族都可以构建发达的法治社会。

对个人的成长过程而言，社会道德意识通过孩提时期受到的教育潜移默化地深入了人的心灵。而当一个人有能力去思考契约和法律对自身利弊而权衡是否加入、遵守以及承担后果之时已成年，因此道德先于契约、法律植于人心。而就具体事务处理而言，契约、法律等社会规则往往先于道德而存在，例如：在借贷发生之前，国家就有相关法律，但决定是否遵纪守法的还是人的主观道德。

不少民族和国家全民信奉宗教。特别是源于亚伯拉罕一神教的诸教多强调律法，强调人和神的立约，但这不能说明该民族、国家或社会法治发达，更不能说明道德水平高尚。我们所讨论的道德与契约、法律等主客观约束是当下社会对当下人的约束。旧约圣经中人和神的立约发生在遥远的摩西时代，宗教经典中的约法不能直接解决当下社会现实中的人际矛盾。当下的宗教只是借助了古代"人—神"约定来比喻现实社会的人际关系，具体地是人们（特别是教士）按自己的理解或按对自己有利的方式去诠释经典，为解决当下问题提供神学依据。这个诠释过程加入了当下信仰实践者的主观道德因素。因此，虔诚的宗教徒若以宗教经典去全面治理社会也不一定具有较高的道德水平，例如：中世纪宗教发达而道德野蛮。同样信奉一种宗教，道德高尚与低下之人都能各得其所，都能演绎出发达的神学体系。例如：道德高尚的基督徒会按照《圣经·新约》中耶稣的《登山宝训》严于律己，低下者会学《圣经·旧约》中约书亚屠城耶利哥。

作者在前著书籍中提出的文化控制论中阐述了宗教文化是以

"神"作为出发点定义人，并对人的行为开展控制①。这个"定义－控制"体系的出发点是其先哲、宗教创立者、宗教改革者所确立的，但社会文化的具体定义和实际控制过程是由当下人们的宗教实践所决定，要受到当下社会道德水平的制约。

　　一个民族、一个国家的道德高尚与否与法治发达与否、宗教发达与否、科技发达与否（后文论及）乃至与艺术发达与否（音乐、电影大国也会实施种族灭绝）并不必然同步，反而道德水平影响了其立法、司法、宗教实践、科技实践和艺术创作的主观目的。

第九节　社会的开放性和流动性　　　　需要更广泛的法治

　　法治发达的程度如果不由道德水平决定，而是由什么决定呢？它取决于一个社会中大多数人的心理习惯——遇到调和人际矛盾时是首先运用道德还是首先运用法律？以及运用范围、二者比例如何？一个社会其法律调和的范围越广、程度越深则其法治越发达。以道德实践调和为主的固然是德治社会，但道德高于法治，渗透于法治实践，二者并不是一个层次的事物，因此德治与法治并不是矛盾对立的。德治社会可能法治也十分发达，甚至人们习惯处理矛盾首先由道德协调而非事无巨细地诉诸法律。法治发达而道德水平低下的社会十分可怕——生活在其中的人们不过是契约动物，是立了约的豺狼②而已。这里的法治是人性过度欲望的唯一牢笼。人们首

---

　　①　王洋：《伦理结构、尊卑与社会生产》，中国经济出版社，2011年，第45页。
　　②　霍布斯《利维坦》中的表述。

先依靠法治去调节人际矛盾，如果调和效果不理想或超出了法律范围则最终还是要依靠道德。在理想情形下，社会需要道德和法治两把保险锁。

人的一生结识和熟识的人总是有限的，从身边的亲人到茫茫人海，亲疏之感伴随终生。一个社会中多数人一生中如果生活场所比较固定，周围接触的人变化不大，人员不怎么流动，遇到陌生人的数量有限，将会产生一个熟人社会。这里，人们之间调和关系的大事小情往往依靠主观心理产生的道德默契。长期在封闭地理环境下从事农业生产的中、印文明就是这种情形，这让两个文明古国孕育了强大的道德体系。二者区别在于，印度的道德体系按照种族、肤色、民族的不同，以种姓的方式分不同比重遏制、约束部分社会成员（较低种姓）的欲望，满足部分社会成员（较高种姓）的欲望而实现调和社会关系和矛盾的。其道德说教模式以《吠陀》等宗教经典传承。中华道德则主要按照儒家思想对社会成员（并非一成不变）的欲望采取了普遍但各有侧重，如君君臣臣、父父子子等方式的约束。而处于地理开放环境下地中海沿岸各大帝国的统治者们，总要面对境内来往如梭的各色民族。简单明确的约法是高效的管理手段。古巴比伦的《汉谟拉比法典》和古罗马的《十二铜表法》是典型代表。地中海文明法治的相对发达从宏观看是不同民族交往频繁，但不融合的产物，这里无论是应用于社会政治治理实践的世俗法律，还是构筑于精神和信仰领域，充当人和神之间约定的宗教律法。从微观个体看，法治的相对发达是人们因生产活动与陌生人交往甚多的需要。毕竟，人流如织的地中海及其周边地区，通商贸易是主要经济形式之一，这个环境下，事先的约法是必不可少的。

面对人口密度增大，民族冲突，社会矛盾增多的局面，地中海类型文明采取过屠杀、驱赶、向远方流放等方式以输出国内矛盾，同时在法律上以明文的方式增加一部分社会成员，如居于统治地位的民族的权利，加重另一部分社会成员，如被征服、贩卖、流放民族的义务，以在欲望满足或遏制上形成厚此薄彼。这在社会形态上维护了奴隶制的持久和发达。无论哪种文明类型中的民族，均有一段时间会存在与其他部落、民族不融合，甚至频繁冲突的时期。奴隶制的兴衰就伴随着这些冲突，因原始社会民族聚集密度增加发生冲突而自然产生，因民族融合而自然结束（或因其与时代理念背道而驰而被迫结束）。

奴隶社会中，奴隶来源主要是战事中非本民族的战俘或掳民，债务奴和契约奴还在其次。大量奴隶的获得、赎身、买卖需要与陌生的外来者（奴隶本人、奴隶主、奴隶贩子）订立契约，因此奴隶社会的长期持续也催生了契约的经常使用。随着疆域内民族融合，作为从事社会生产主要力量的奴隶，其来源发生枯竭，奴隶社会便趋于解体。

中国奴隶社会结束较早，因为中国较早地实现了民族融合，虽有和四夷的征战，但奴隶最终没有成为社会生产的主力。不少人流落到官宦人家成为家奴，却并不从事农业生产。春秋末期，随着各诸侯国之间大规模兼并告一段落，井田制的废除，束缚奴隶的土地制度趋于终结，战国之后中国彻底进入了封建社会。奴隶制在中国的短暂出现甚至缺失①也让中国跳过了一次普遍使用契约的历史进程。西方文明则一直处于各宗教和民族的冲突之中，奴隶制直到

---

① 无奴学派，二十世纪八十年代前后在中国兴起，主张中国历史没有经历过奴隶社会。

十九世纪美国南北战争后才趋于结束。

中华民族从封闭走向开放，主要生产方式从传统定居农业转向工商业已是二十世纪后半叶的事情了。熟人社会解体了，几千年来主要依靠道德来调和人际关系的方式开始捉襟见肘。主要生产方式出现的新变化，要求人们与各种生疏的本国居民，甚至外国人打交道，要在更广泛、国际化的生产者中优化配置各类生产资源。法律作为调和社会关系的主要手段才被空前重视。中国人在两千多年期间基本解决了境内各民族和宗教徒相互冲突的问题，构建了统一的社会道德体系。但在国门先被动，后主动打开后，民众又不得不重新面对国际化的民族、种族和宗教徒。他们有着各具形态、水平不一的道德观念。这些关系和矛盾只能首先倚重法律、契约开展调和。

第十节　道德进步要基于稳定的道德体系

道德体系是一个民族、国家、宗教内部的群体意识。它的观念被其哲人、宗教创始人、教士、学者所提出并得到大多数成员认可。这些意识既包含了人们总体上对自然界和其他异己的民族、国家、宗教徒的看法，即对外道德；又包含其内部矛盾的调和、解决观念，即内部道德；同时也包含了内外两种道德的联系，即人群内部矛盾和对外矛盾之间的转化。

稳定道德体系的形成需要有长期稳定的道德观念和稳定的观念受众人群两方面条件。史前社会的某个部落的道德体系有可能在这两方面存在成百上千年的稳定，但或许是"大同社会^①"的高水准，或许是食人部落的低水准。因此，道德体系的稳定性也并不代表道德水平的高低。原始社会结束后，一个文明道德的缓慢进步就要依靠一个相对稳定的道德体系作为其载体。

三个文明类型中，华夏民族和印度本土诸民族由于地理封闭，道德受众群体相对稳定。而地中海文明类型中不少民族来无影去无踪，我相信其中可能存在过道德体系相较周边发达，道德水准高尚的民族，然而受到后起强势民族风卷残云般地冲击，或被屠杀，或被放逐，最终散落于其他民族的汪洋大海之中。

从道德观念的稳定性看，中国传统道德哲学是以儒家思想为主线，道家、法家、佛家以及后续的宋明理学最终都与儒家形成呼应。儒、道、法三家虽有相互斗争，但汉儒以后则趋向了大一统。同时，华夏大地上逐步形成了稳定的人群作为这些观念的载体，因此两千年来（从汉儒算），中华文明形成了稳定的道德思想体系以及全民族达成共识的实践标准。同样，在印度，无论是外来一波波的征服者还是本地土著居民，除西方人和穆斯林外，均比较尊重种姓制度。社会主体道德观念围绕着根深蒂固的种姓制度开展稳定传承。

而中近东地中海沿岸的各帝国则没有一个能够为这片土地上的人们灌输长年一贯、稳定如一的道德观念。以性观念为例——古埃及、古巴比伦的荒淫，希腊、罗马式的纵情享受被基督教的禁欲主义所摒弃；在一千多年后的文艺复兴和宗教改革运动中，基督教伦理又成了众矢之的，被斥为"黑暗的中世纪"，人们摆脱了此间过度的苦修，被压抑的欲望又得到了官方宗教理论的合理承认。在纵

---

① 大同社会与后文提及的小康社会出自《礼记·礼运》。在孔子心目中前者是"天下为公"后者为"天下为家（私）"，并产生不同的褒贬之意。

欲和禁欲这样基础、核心的道德观念上，这个地区的人们都没有形成一贯制，而是在两个极端之间来回跳跃。

在这一地区唯一能够长期承担道德载体的是亚伯拉罕五个一神教（即犹太教、天主教、东正教、基督新教、伊斯兰教，下同）。各教信徒依其共同点能够拥有些许共同道德。然而，宗教所承载的道德实践可随对教义的不同诠释而改变，以适应信奉它的民族所面对的现实政治、经济环境，甚至一个民族可以短期内集体立宗、改宗。而这些改变的时机和选择方向也取决于其世俗或宗教领袖审时度势后的主观能动性。他们改变了对教义和宗教经典的解释。这个解释经布道和传播后又给予了广大信众道德实践上的依据。

成熟道德体系的发展是一个民族内部人口密度增加以及漫长的人类情感和社会分配制度持续演化的结果，并非仅从外部接受一种宗教就能迅速获得。一个民族的道德进步可以根据外来的观念在自身先入为主的道德观念基础上加以改良，但不存在全盘接受外部道德体系后而产生跳变。即使全盘皈依了某个宗教，人们也会按照自己固有的道德水准去开展信仰实践。

道德进步的演化是十分缓慢的，但道德退步、蜕变却十分迅速。一次大饥荒或一次核大战就能让一个民族或全人类瞬间暂时退回原始道德水准。一个人从懵懂儿童到树立良好的道德观念需要十几年时间。这短短的十几年要浓缩和承继该民族千百年形成的道德成果，完成道德传承。任何具有自身浓重色彩与深厚传统的道德体系都要争取这短短的教育时间去延续自身。因此，败坏掉一个道德体系也相对于建设好一个道德体系来得容易——甚至无需千年时间，持续改造、引导其两三代人对待欲望的态度即可。

迄今为止，只有中、印两个文明道德体系的发育是比较成熟的。

犹太教的道德和古希腊的道德都经历了长时间的断档。基督教的道德体系更像一个接力棒，从犹太人传出，经希腊人、罗马人、日耳曼人、斯拉夫人相继传递。对于这些民族而言，基督教道德只是其自身道德所借用的一个外在形式。其自身道德发展只依据各自的自然、历史条件。当代西方内部生产力较为先进的基督新教文明的主体是日耳曼人。其道德体系和水准主要承继于古代日耳曼蛮族。古希腊的灿烂文明只不过被罗马人和日耳曼人从形式上不成功地模仿而已，前者并未在道德上对后两者有较大惠及。

※　　※　　※

就单个人群而言，一个民族、一个国家或一个文明其对内道德体系的发展成熟以及道德水准的提高是其对人口密度自然增加产生自适应的长期结果之一。但反过来有三个"不一定"。首先，能够应对人口密度增加带来的欲望碰撞和人际矛盾增加并不一定只有道德进步一种方式——加强内部契约，扩大人群的地域边界，人为降低人口密度，对外输出社会矛盾也能应对。西方文明体系即是如此，因此，西方道德体系迄今并未真正经历高人口密度的考验[①]。再者，一个相对完善成熟的道德体系并不一定代表其道德水平的高尚。一个道德体系必须经历高人口密度的历练方可成熟，即——由于人口密度增加，以道德调和的人际矛盾数量激增，人们的各种欲望发生了碰撞；当人们既不能消灭、驱逐他人，又不能对外转嫁矛盾时，才能自适应地构建出内部矛盾协调机制；道德的演化会根据调和实践的结果实现道德体系的自我完善。这些协调机制能够对更广泛的矛盾种类做更深入的调和，但这并不代表其调和结果就一定

---

　　① 西方出现人口密度大的超级城市，是产业聚集的自发结果，人员仍可大规模自由迁出至地广人稀的美洲、澳洲和西伯利亚。

公允。善来自对欲望的约束。道德体系对全体社会成员欲望持续产生合理均等的调和（例如：对强者多些，对弱者少些）才是社会道德水平的进步。发达的道德体系也会产生出不道德的分配结果，形成不合理、不均等压制的固化。因此，一个道德体系的完善性与其道德水平高低须分别评价。由此我们得出第三点，一个国家、一个文明的道德水平高低不一定取决于其内部人员的主观道德感受。人口密度较高的国家，利益冲突不断，人们要频繁使用道德来调节自己的行为，带来了隐忍和不悦，而调和结果却促进了社会的公平和稳定，因此该社会总体的道德水平可能是较高的，道德体系可能是较发达的。杀光是以消灭矛盾主体的方式解决社会矛盾，屠杀者及其子孙成了社会成员的主体，他们享受了后续的太平，而死者却无法控诉；对外掠夺也可缓和本国社会成员的利益纷争，但这些都拉低了社会整体道德水平。

就多个人群而言，促进民族、宗教、国家、种族、文明的自然对等融合多是善的，而无论这个融合是由一方主导在其社会内部开展，还是多方平等自发。因为原是各方被区别对待，对其欲望的约束厚此薄彼，而一旦融合不分彼此就做到了约束等同。这个等同在新融合的人群中持续着。这其中既包含了相关方主观融合意愿，又形成了对融合前原主导群体统治欲望的客观持续遏制效果。融合后，各人群之间的矛盾内化为融合体的内部矛盾，并为先前道德观念的传承提供了更广泛的受众。

在基于土地生产以及地域冲突的古代，人口密度增加的自然过程有多缓慢，民族融合的进程有多缓慢，人们道德体系和道德水平的完善和提高就有多缓慢，大致是以千百年计。截至目前，各文明的道德依然基于其古代农牧时期各自人口密度、生产方式及其所带来的人口流动融合形势而构建。大工业和大航海时代到来后，一方面随着科技进步，单位面积上供养能力的提升，人口密度相比于漫长的农耕时代呈现快速增加；另一方面随着产业链和供应链聚集，人口密度的空间分布也脱离了农牧业时代形成的自然分布。然而，各文明原先的道德体系却尚未形成对人口密度和产业形态两方面变化的全部适应。

第二章　道德的经济学含义

现有经济学的核心目的之一是如何解决稀缺与欲望这对矛盾，而道德却能直接解决它。经济学的前提是经济人（理性人）假设——即：人以最小的代价去争取利益最大化。从伦理学看来，受欲望驱使，摆在经济人面前的只有利益最大化一种选择，如此人就失去了自由意志，而自由意志是主观道德得以存在的前提。秉承经济人假设的现有经济学是以恶（利益最大化）为伦理前提的经济学。如果经济学家摒弃这一前提，注重人的善恶二重性，我们则有机会重塑经济学本身，促进经济学的伦理学转向。

经济学重点研究人类社会价值和资源的创造、转化以及实现的规律。我们为了便于观察，就把道德投射到这些利益性的东西上，提出了"道德的经济学含义"这一表述。人们在道德实践中产生利益上的创造、分配、转化的结果，是其主观欲望、道德的客观化，因此对这个含义的研究主要属于道德的客观研究领域。

道德当然也包含其他非经济学含义，如情感、心理等，本书并不否认，但对人类道德史的研究须在某个含义上相对完整地阐明人类道德在过去、当前和未来的历史发展逻辑。

第一节　个人的基本欲望及其无限性

人类从动物界继承了两个基本欲望——生存欲和性欲，以确保自我个体存活并繁衍后代。然而相对于动物，人的欲望可以是无限的。动物吃饱后可以不再想下一顿，但人却想着仓廪之实。动物只要自己固定领地，而人却想着广厦万间，千亩良田。许多哺乳动物有固定的发情期，但人可以随时随地发情，帝王可以后宫三千。动物从不对自己的猎物斩尽杀绝，但人却会把杀戮进行到底，实施灭绝。

本书基本承认马斯洛需求层次理论，但马斯洛论及的需求概念，我们将其归于欲望范畴，认为人的欲望也有层次之分。就绝大多数普通个人的欲望而言，除性欲归结为自我延续之欲外，食物、水、呼吸、睡眠、代谢、安全、自由等其他欲望都归结于自我个体生存之欲。更高级的欲望是以这两种欲望为基础，可追溯到这二者，例如：安全和健康的欲望，则可视为人希望安全、健康地实现自身的生存欲和性欲。越是高级的欲望，如情感、尊重、自我实现，则个性因素越强、自由度越大，就越难形成共同的判别标准，故本书暂不做重点讨论。

第二节　个人欲望膨胀的原因与满足欲望能力的储备

欲望之所以过度膨胀是因为人能够接受暗示并期许未来。人不仅为当下温饱着想，而且也为将来饥馑着想，为子孙后代着想，为自己持续的安全感着想，为自己年老体弱后老有所养着想，甚至还为死后进入天堂或冥界着想，总之是为自己和后代未来可持续生存着想。为此，人对欲望的追求不仅仅局限于眼前的够量，而且要在最低维持限度上多攫取一部分。这个部分并不局限于生存资料和个体安全，其内涵也十分丰富，并为过多侵占他人利益埋下了恶的种子。

一个人即时获得的利益形式多种多样，但可能转眼即逝，例如食物等个人消费资料的鲜活易腐。那么如何将利益存储起来以备将来之需呢？甚至应对几十年后的衰老，以及抚养未来自己年幼的子孙呢？人们找到了两种利益存在的普遍形式——土地和货币。土地只要占有，无论其上面修建了何物，用于何种用途，甚至闲置，依然具有一定价值，不会凭空消失；而货币天然是金银，是易于贮存的支付手段，可以作为未来年迈失去自理能力之后，征用他人劳动和劳动技能为自己开展起居医疗服务，乃至修建坟墓的手段。

第三节　个人欲望的对象——"利"，及"利"的六个含义

欲望是人类社会生生不息的动力源泉，是人类意志的体现；它既可以表现为人的实践行为，也可以客观化为实践工具，例如：资本是欲望物化的形式之一。

欲望产生需求，产生自我保全和发展的动力。本书将欲望的对象定义为"利"。"利"的首要含义是生命，毕竟生命才是最根本的利益，即"皮之不存毛将焉附"。再者，"利"是空间，或者说是土

地，而无论这个土地是否经历了确权。人出生之后就要占有一定空间作为容身之所；人从事生产、生活也要占有一定的土地空间。若没有土地，一切利益和逐利行为无从谈起，即所谓的"土地是财富之母"。"利"的另外一个主要含义是"社会资源"，即他人的劳动（包括劳动行为本身和劳动技能）。货币是未来可供征用劳动的储存形式，是社会资源的交换媒介。其他普通商品是凝聚着他人过去劳动的可供使用的产品。因此，财富是物化的劳动和劳动技能，正所谓："劳动是财富之父"。对人和物的征用能力，可统一为对人的劳动——社会资源的征用能力。一个人在逐利的同时，自己往往也成了被他人征用的社会资源。学习他人的劳动生产技能，即科学技术也是从他人处逐利。

对土地和社会资源征用的方式可以是直接征用，也可以是间接征用。直接征用的能力为"权"，即现实的权力，可直接强迫或者指使他人完成。以货币作为交换媒介属于间接征用，这种交换使得一方获得了土地或劳动服务，而货币则转化为交易另一方的土地或社会资源的储备。直接征用人的劳动，还包括"揾性"，即直接征用人的性能力为自己产生后代。特别是进入父系社会后，男性运用自己的社会主导地位开展对妇女生育能力的征用。

名誉和信用虽然不能立即无条件地转化为当即社会服务能力，但是可以在被征用对象的人群中树立好形象，为将来的征用奠定基础。至此，本书将生命、土地、社会资源、性、权力、名誉等统一为广义的"利"，即将人自由地开展"立命""攫土""逐利""揾性""窥权""沽名"等行为的追求和保全统一为广义的"逐利"。按照马斯洛理论的基本原理，逐利行为也是分层级的——欲望对象中生命和安全是根本，土地、社会资源和揾性是主要内涵，名誉和权力是带有主观个性色彩的派生。

反之，逻辑上对欲的否定，即"不欲"，如对祸害等的驱避，也是逐利行为的另一种存在形式。

第四节　道德主体

只要拥有主观目的的自由意志，可以开展主动选择的人或人群均可以称为道德主体。道德主体对应了道德客体——道德实践者行为实施的对象——他人或其他人群。两个人（群）可以互为道德主（客）体。道德的对象是道德主体的欲望，即道德控制的对象是人自身的欲望。道德上向善的行为，既需要主观上约束欲望的意志和选择，又需要将其客观化——即采取对欲望进行约束的行为决断。客观向善行为的存在即是主观道德意识存在过的证据。某些宗教的"命运前定论"对自由意志的存在开展了普遍否定，从而否定了道德存在的前提条件。然而，向善行为在当今人类各正常人群中普遍存在，即可证明道德意识的普遍存在。这个普遍存在已经无需论证其前提条件——自由意志的存在与否。时而承认，时而否认自由意志的教义均无法改变这个一贯客观存在的事实。

群体也拥有道德，这基于群体内部个体的共同主观意识，以及共同的客观实践选择。本书认为，个体是相对群体而言的，既包含群体中的单个自然人，也包含群体中的子人群，例如：社会人群中的某个组织。一个国家相对于其内部个体而言是群体，而相对于同文明类型的国家集团而言又是个体。这些个体主客观的共同点也形成了这个群体区别于其他群体的特性。这些特性包含生物体质、利益来源、经济地位、地域、心理、宗教等诸多方面，涵盖了划分人群诸方法。我们做个体主客观道德研究映射出的群体共性，可用于研究群体道德。群体道德的实践结果是其内部大部分成员在认同群体道德观念后，个体道德实践加和得到的可观察结果。

本书研究的人群主要指一个部落、民族、国家、宗教徒、种族或文明，偶尔也指全人类。

道德研究的对象是道德主体，具有主动性，先发性。被给予，被剥夺、被胁迫的一方没有主观意志的选择，因此不属于道德观察的范畴。被动、后发、应答的一方的反应行为要根据主动方的行为给予回应，可以"以其人之道还至其人之身"，其主观的道德性质就显得次要了。

第五节　以利益转移方式定义的公允

道德主体在满足欲望实现逐利的过程中，无论是获得还是失去"利"，总之要发生"利"的创灭、赠夺、交换、分配上的转移和交割。在这些客观利益转移过程中，主观意志产生了善恶的分寸，产生了公平、公允，即善恶的分界或界定。本书不刻意区分公德和私德。凡涉及的利益，从个体道德主体转移到其他个体道德主体的，属于私德范畴，例如：个人之间，一个群体内部的两个子群体之间，个人与个别子群体之间；凡涉及利益属于上一级人群内多个道德主体共有的，则属公德范畴，例如：一个群体内部公共利益分配问题，人类环境问题等。

从利益得来角度看：有创造、夺取、被给予和交换等几种方式；

从利益失去的角度看：有灭失、赠予、被剥夺、对外分配，以及同样的交换等方式。其中：

创造对社会有益的事物或以良好目的开展创造为善；创造对社会有害的事物或以不良动机开展创造为恶。灭失对社会有害的事物为善；灭失对社会有益的事物为恶。赠予他人为善；从他人处夺取为恶。被给予，被剥夺，均无主观选择，不涉及道德。

在交换和对外分配方面，善恶分析如下文：

一、交换的公允

一对一交换涉及了两个道德主体；一对多交换可将参与交换的众对象看作一个道德客体与另一方道德主体发生伦理关系。利益的等价交换为公允。但实际上，交易的结果总会有偏差，这个偏差值则代表一方的利益转移给了另一方。如果出于客观条件的限制和不可抗因素，则不涉及恶，若出于主观故意则为恶。经济学认为交换的尺度是双方博弈的结果，即以自己一方利益最大化，而本书则将这个结果的确定加入了道德选择的成分。

如果按照经济人假设，一方利益的最大化应该是直接将另一方杀死，将对方的一切财产都用来满足自己的欲望。交换发生时，一方也不能将自己的人身自由作为交换标的，因为这将导致交换主体的消失——出卖自由所得到的利益可以因为自由的失去而一并失去。

实际交换中，善总是关乎他人利益，恶总是关乎自身利益。克制自己、利他、让渡利益为善；利己，自私，攫取他人利益为恶。中西文明对"什么是交换的公允"达成了共识——中道、中庸、不偏不倚。亚里士多德的中道理论认为中道是善，过和不及均为恶；而中庸则是中国儒家长期坚持的道德标准。儒家的核心思想——仁学，讲求"克己复礼"，即克制自己恢复（周）礼（度）；孟子"四心[①]"之中的"辞让之心"劝人利他。儒家思想中"己所不欲勿施于人"则要求人应换位思考对方的感受，如果连自己都不想要的就不要对他人实施。同样康德道德哲学中的"善良意志的自律（绝对命令）"和圣经中耶稣所讲的"你们愿意人怎样对待你们，你们也要怎样对待人[②]"也都阐明了这个伦理学中的"黄金规则"。

二、分配的公允

在一对多分配的情况下，一个道德主体掌握分配权。如果他所分配的标的物完全来自他本人，那么他所分给他人的行为多是善举。这里我们讨论标的物不完全来自他时的情况。

在一个群体内开展分配，必然涉及多人。群体内其他成员由于是被动接受分配结果，因此不涉及道德选择，便不是道德主体。

从所分配利益标的物的来源看，如果它是被某些群成员创造的，属于原群体总利益中所没有的新增加部分，即增量，则应该尊重创造者的权益归属，这样就激励了人们继续开展创造的积极性。例如：在从事生产的群体内部，按每个人在生产活动中的贡献来分配增加值部分是公允的，贡献大者而多得。这个贡献既包含直接劳动，又包含工作效率的改进，例如：生产技术或生产模式革新。如果个体的创造被剥夺，就造成了对创造者利益的侵害，便形成了恶。生产中的绝对平均也是一种恶，它打击了人们从事生产的积极性。

一个人所创造的价值只要不转出利益群体或灭失，迟早要通过赠予、交换、遗世成为群体总利益存量的一部分。这个过程并不创

---

①《孟子·公孙丑（上）》。
②《圣经·新约·马太福音》7章。

造价值，在分配时要合理处置——在不涉及来源的存量财富分配上，要注重公平。公平的最大对立面是分配者习惯按照与被分配者的亲疏关系来分配多寡。在涉及来源的存量分配上，来自谁，则要尊重其获得权力。未参与生产的资本属于归属明确的社会存量财富。总之在社会分配中，增量分配看贡献，重效率，存量分配重公平、公允，这样就兼顾了"公平和效率"这对矛盾，从而促进了群体可持续发展。

群体中，每个成员维持生存都有一个最低尺度，即用以维持人最基本、最紧迫需求的物资，如食物和水，我们称其为群体底线。在存量财富一定的情况下，群体内生存物资在满足每个成员群体底线后，如有剩余，则将这些剩余合理均等地分给每个成员，才是存量分配的公允。当人口增加，人口密度增大，可供分配的存量不断被摊薄，公允的限度则会不断逼近群体底线。这就要求分配的过程不断精细化，以免过多地触碰成员的生存底线而触发更多的分配矛盾。分配的公允要小心翼翼地保持在人的最低需求界限之外，同时要保持着对弱者的同情。

同情是道德的来源之一。孟子"四心"中的"恻隐之心"是要对弱者产生同情，同时以"羞恶之心"对分配不公产生的恶保持警惕。大卫·休谟则认为同情，即对他人的情感产生苦乐交感和传递是人类产生道德的基础。人们总希望群体内财富增加以使公允线远远高于群体底线而不轻易击穿后者，以实现总体的富足，做到"仓廪实而知礼节"。这里的公允线首先表示群体内的平均存量，同时也表示每个人的存量分配所得距离平均线有尽量小的合理距离。

当社会的总体存量资源无法满足每个人生存底线之和时，公允线则击穿了（低于）生存底线。例如，在大饥荒中，一个饥民多吃一口都会觉得罪恶。此时，人群中有负罪感的人增多，但并不能就此判定这个人群道德水平低下。对一个贫瘠国家开展禁运，造成短缺，使人相互倾轧，是诋毁此国道德的手段。一个国家靠对外掠夺发家，人均分配增多，其内部分配矛盾往往不易被察觉，但不能由此判断此国道德水平高尚。"仓廪实"的礼节，尚需饥馑时的合理分配来验证成色。由此，对一个社会可分配资源总量进行干预，人为转换内外矛盾，则能致其内部道德水平呈现与实际不相称的假象。

一个群体的对内道德水平要通过全体成员共克时艰才能较快提高。撇开外因，人口密度增加以及对群体内各成员欲望持续开展合理均等调和，构成了对群体内部道德水平提高以及道德体系成熟的常规性历练。

第六节　群体逐利的含义及群体欲望的对象

群体拥有的共同意识、意志不像个人那样善变，具有相对稳定性，它所产生的欲望也有它的对象。个人的欲望对象是"利"，那么群体欲望的对象是什么呢？

除全人类之外的人群，其欲望分为对内和对外两类。对外欲望首先是关乎其他人群的——至少有：防御侵略，防止土地流失、不被屠灭；获得外在好的集体名誉，保障外部权力，从外部获利；或许有：消灭其他人群，夺取他人土地，夺取外部权力。此时这群人将作为一个道德主体与其他人群发生上文提及的土地、财物上的创灭、赠夺、交换、分配等类似的伦理关系。此外，人群还会和自然环境发生关系，大家要共同面对自然挑战，确保群体安全。

对内欲望方面，人群的共有意志是察觉、评估解决内部矛盾以防止解体。因为解体意味着这个群体作为意志和欲望的主体就不复存在了。将内部不可调和的矛盾对外输出，将其转化为外部矛盾，则可缓和群体内部解体压力，例如：宗教斗争后教派的整体移民，流放罪犯到国外，气候灾变之后的外迁等。这样，对内欲望的实现就转化为对外欲望的实现，社会内部的道德调和关系就转化成了对外伦理关系。反之，也要防止他人、他国矛盾输入而导致的内部争夺加剧；外部势力挑唆、干预而导致的国家割据、分治甚至解体；天灾内化为对避害机会的争夺等。

如果我们以全人类作为一个群体加以观察的话，由于其外尚不能证明存在其他人类，本书暂认为其对外欲望主要表现为与自然环境的关系。群体内部欲望，无非也是察觉、评估解决内部矛盾以防止人类灭亡。在工业时代来临以前，散落于世界各地的人们尚没有认识到工业污染、垃圾处理、全球变暖、海平面上升等环境问题对全体人类的威胁，也不知核武器对人类自身毁灭性的威胁，因此人们也没有意识到将全人类作为一个道德主体而形成生存关切。直至第二次世界大战之后，随着不同人群间交流和利益碰撞日益频繁，须共同面对的问题日益增多，这些才提到议事日程上来，人类才有了共治的雏形。

第七节　作为意志客体的人所必须经历的三个道德

人作为他人意志、欲望的对象时是被动的——人成了伦理关系的客体——接受他人道德选择的结果。人的一生，无论是普通人、帝王将相还是刚刚出生不久就撒手人寰的婴孩，总要在三个环节上接受他人主观意志的道德选择——关乎出生的道德，关乎存活的道德，关乎死亡的道德，无一例外。

人是父母性欲或意志的产物。人来到这个世界上，都没有被事先征求过意见，是完完全全被动的，受制于父母的决定。因此除性行为被动者外，大多数成年、性成熟的人都有决定他人，即自己子女是否来到人间的道德选择。本书将这种决定他人出生的道德称为"生之道德"，包含了人们经常提及的性道德、婚姻道德等。

人生在世，无论活得多久都要从世间分得生存资料。一个婴儿的奶粉、被褥都无法被他自己所创造，而是来自他人给予。因此，人所获得的生存资料的多少、种类取决于给予者的道德选择。一个掌握财物分配权的人都拥有决定世间某个人，或某些人，或某群人获得生存资料种类及多少的道德选择权。本书将这种决定他人参与社会分配获得结果的道德选择称为"分配道德"。从狭义上，有些人只经历过被动、纯粹的分配道德，只是被给予，如孩提时代就逝去的人。但大多数人要经历成年的过程，要参与实际社会生产活动，因此广义上，分配道德也要涵盖利益转移所经历的创灭、赠夺、交换、分配等全部道德过程以使自身和他人获得生存延续的资料。

人离开世界时，因生病、衰老、意外等原因，涉及死后丧葬等习俗问题。若是因人祸、谋杀、处决、大屠杀等原因死亡，也要涉及实施者的道德选择。一般人往往不直接决定他人生死，但可能会参与关于死刑的法治活动、致死传染病防治、丧葬习俗改革等间接关乎他人死亡的道德选择，本书将上述统称为"死之道德"。

人的日常生活中弥漫着这三种道德，无非一会儿面临这个道德选择，一会儿面临那个道德选择。万事生死为大——出生关乎一个人参与社会分配的开始，死亡是参与社会分配的终结，故无生死谈不上分配。因此，关乎人生两端的生死道德就成了一个社会总体道德的基石。

第八节　评价的公允——一般人类无差别的定性和定量道德标准

欲望在一定分寸上是善，在不当分寸上是恶；中道是善，过犹不及均为恶；利益转移中偏离公允价值越多则越恶。可见善是一个尺度，公允是一条线，线的两边都是恶，只不过是距离善的远近不同罢了。道德主体在开展利益转移时只要出于意志选择，便可以选择距离中道、公允远一些的大恶，也可以选择距离近一些的小恶，这就为道德评判提供了定量标准。在第三方评价者彻底撇清与当事道德主体利益牵扯的情形下，其评价的公允也是一条线。剔除客观条件所限，对客观、中道偏离程度的主观选择也构成了评价本身的善恶。

一、对个人的道德观察

人类发明了一种对个人之恶开展定量分析的工具——刑法，即根据犯罪行为恶的程度确定惩罚的定量尺度。量刑基于一个普遍前提——恶是有大小区分的。司法者要根据法律的诉讼程序判定：人是否有罪；是否因恶小而够不上刑事处罚；依罪恶大小确定处罚的轻重。一部刑法体现了一国当时占主导地位人群的道德评判标准，因此我们可以从刑法量刑方式和犯罪率两方面去考察一个社会的道德尺度和社会道德大致水平。

人类进入文明时代以来，特别是近一两千年，古今各国国情虽各异，但其颁布的刑法中有些道德评判标准是相通的。这体现了全体人类的共同道德认识，即一般人类无差别的道德定性标准——在同等法律地位人群内部，例如：奴隶主、封建主阶级内部之间，平民内部之间，人身侵害恶于物质财产侵害，暴力侵害恶于非暴力侵害；最起码，对剥夺他人生命的恶于侵害他人物质财产的；杀死他人的恶于致伤他人的；盗窃数额大的恶于盗窃数额小的；同等数额下，暴力夺取的恶于窃取的。在不同政治等级的人群之间发生的上述人身、财产侵害关系及其量刑，除道德考虑外还会加入政治考虑，这是社会集团之间的政治矛盾，不属于个人道德范畴。

以经济角度看待"恶"的大小是对他人"利"的主观故意剥夺程度大小；"善"的大小则是对他人"利"的主观拱让程度大小。对他人的"利"最大、最彻底的剥夺是将其杀死，死者今后将无法再参与任何形式的社会分配。非法拘禁他人，则被拘禁者失去自由而无法主动参与社会分配。损害他人健康且不可恢复的则是永久性地剥夺了受害者参与某些社会分配的权利，例如：致盲他人，则被害者无法享受绘画的优美，其观光、旅游则变得无意义。偷盗、贪污导致他人利益受损是可以赔偿弥补的。违背妇女意志的性犯罪不仅给妇女带来健康、声誉和精神方面的损失，其行为更关乎一个婴儿的出生。一个人来到世界上是必须参与社会分配的，性犯罪可能导致非婚生子女无法在婚姻范畴内得到正常供养和教育，将影响其今后获得应有的社会权利。

撇开自身，我们对一个人的道德评价，应是其善行恶行相抵之后的权衡。对于一个人善恶的观察，就生之道德而言，善应为禁欲、保守；反之恶则是纵欲、淫乱。就死之道德而言，其掌握了生杀大权后，善应是少杀、慎杀；反之恶则是滥杀、虐杀。就分配道德而言，其部分善恶是可以定量评判的——以善为目的的发明、创造惠及他人的价值；反之以恶为目的的发明、创造为他人带来损失的价值。同时，善也是为他人除恶、纠错挽回的价值，社会慈善捐赠（完全交出掌控权后）的价值以及行使交换、分配权时的公允度；恶则是损害、夺取他人利益的价值，以及开展交换、分配时偏离公允的程度。这里，人的道德对象既包括本族人，也包括外族人，许多人在这方面是内外有别的。所以我们对一个人的道德判断，应就其截至当下的一生行为开展统计后而定，切莫以明显、持续的小善（恶），去掩盖其本质的大恶（善）。例如：一个杀人犯衣着笔挺，举止斯文，只是在其优雅的一生中花了一秒扣动了一下扳机而已，也属大恶，当重判；一个人朴实善良，但举止粗鄙，常大声喧哗，随地吐痰，即使屡教不改，也属小恶，根本无法定罪。任何个人对自身的道德评价均是不完整的，因为活着的时候总无法对自身死亡所涉及的道德做最终判断。

二、论人群的对外道德水平

除全体人类外，一般人群的对外道德方面，我们可将其集中看作一个道德主体。行为统计上，其形成、成立的时间和其占据相关空间的范围越明晰，我们就越能有效地收集数据，据此对其开展的道德评判就越能得出更加明确的结论。法律意义上，国家是有明确建国时间和继承前朝的国境范围的，社团、组织、公司也是有其成立时间的。而基于共同主观道德意识的部落、民族、种族、宗教、文明的存续时间、地理范围就显得模糊了，但依然有人类学、民族学和宗教学的界定方法。

一个组织、社团或公司，其上有国家法律所管辖，但一个国家、民族或者文明之上却没有更高级的类似于法庭的权威机构，对其开展司法审判、量刑及刑罚，因此国际社会之间的关系更类似于弱肉强食的"自然状态"。国家、民族、文明之间的行为更依赖各自的对外道德水准。我们虽然不能用刑法去定量分析国家行为之恶，但可以引用一般人类无差别的道德原则去开展评判——就如同个人之间，人身侵害恶于财产侵害，暴力侵害恶于非暴力侵害——国家之间，屠杀、灭绝恶于土地、财物侵占，以暴力为手段的掠夺恶于以商业为手段的攫取。

一个国家对其他国家实施大屠杀、种族灭绝的或者屠灭原住民并在其领土上建国的行为属大恶，就如同一个人杀了另一个人——彻底剥夺了其他民族在地球上获得大自然赐予和分配的权利。本书设定：某国自其建国以来主动在其从前朝继承的领土之外杀死其他国家国民及尚未形成国家的原住民的数量为屠杀输出量。该量比较容易客观量化统计，故本书将其作为某国对外道德之恶的主要评判标准①。其他的恶诸如：以恶为目的的思想、言论、发明、创造给他国或全人类带来的损失；对自然环境的破坏和波及他国的程度；在掌握国际分配权后，在交换、分配时偏离公允的程度；对其他国家利益的剥夺程度，例如：强迫他国签订不平等条约，或其国民在他

---

① 如果涉及两个或多个国家之间的比较，也可以使用净屠杀输出量，即屠杀输出量与他国人员在本国领土上杀死本国国民的数量（屠杀输入量）之间的净值，以表明顺差和逆差，但这其中有主动发起和被动回应的区分，须具体问题具体分析。全球所有国家的净值之和是零，因此国家可分为两类：净屠杀输出国和净屠杀输入国。如需提高对比的针对性和精细度，也可引入人均屠杀输出量等概念进行比较。

国领土上实施的诸如抢劫、偷盗行为等，构成利益不当转移的，本书将其作为某国对外道德之恶的次要评判标准。

在对外善行方面，可开展评价的标准有：以善为目的的思想、言论、发明、创造惠及他国或者全人类的价值；对自然环境保护、恢复、改善了多少；对其他民族、国家无偿援助的价值；在掌握国际分配权后，在交换、分配环节执行的公允程度等。

我们要以某国对其他民族、国家、文明利害统计的客观结果善恶相抵后去评判它的对外道德水平。在这个过程中，影响判断客观准确性的因素有五个：

第一，历史多为胜利者所记录，其常把他人、他国的缺点和自己的优点放大，把自己的缺点和他人、他国的优点缩小。后来的历史研究者要尽量将此还原，撇开褒贬和借口成分，分清主动实施者和被动应答者，以造成生命损失的数量和利益侵害程度作为一般人类无差别的衡量标尺。尽可能地反映历史真相是历史记录者本人的善，这同样反映了"中道为善"的原则——过和不及，即故意歪曲，包括美化、丑化均为恶，且有恶的程度之别。同样，对被动的道德客体不应做国别、民族、宗教上的区分，而无论其原始还是进步，强大还是落魄，也要体现对道德主体的一般人类无差别的评价。主动屠杀同等数量的犹太人、印第安人、吉普赛人、达罗毗荼人的道德后果相同，不应该对屠杀者的评价厚此薄彼，做到"均命贵"，其罪恶的程度只和屠杀人数成正比。

第二，评判者与被评判者的利益相关性会影响公允。在现实交流中，掌握国际分工权力的一方、设立逐利途径的一方、占有话语权的一方、输出意识形态的一方会占优势。生产力发达的一方会给生产力落后的一方带来晕轮效应，致使其他方面的光辉不当转移到了道德领域。因此，人类社会当下流行的道德标准不一定是现存的最高道德标准，而是生产力水平最高（将上述优势归因于此）国家的道德标准。时间是治愈这个偏颇的良方，利益相关者迟早都要消失在历史长河之中，此时才能消灭一切杂音和喧嚣。一般人类无差别原则作为人类道德史的道德评判准绳应置于宗教上教义变迁和政治上治乱兴衰之外，在人类的存续历史之内，或者在我们可观察、可预见的历史时期内尽量保持主观上的稳定。

第三，要揭开被评判者因不安全感而穿上的道德伪装。人在异国他乡的不安全感总会令其掩饰本来的道德面目。只有这种不安全感消失的时候，自由意志不受外界裹挟之时，个人所代表群体的对外道德意识才能更真实地表现出来。例如：甲国人在乙国人口总量中只占万分之一，且分布零散，其在乙国的表现总是规规矩矩。当甲国人口在乙国开始聚集，例如：大型施工队伍、驻军、难民流等，即甲国人在乙国形成大型团体后，其整体对外道德才有所展现。特别是甲国人在乙国掌握一定武力之后，能够有效避开他国的外部干涉之时，其行为才会反映本来的对外道德面目。

第四，要撇开表面的、大概率发生的小善、小恶所带来的主观好恶，以防止这些情绪蒙蔽我们去观察本质的、隐含的大恶、大善。国民富足，举止优雅不能标榜总体道德高尚；穷山恶水、举止粗鄙也不能标榜总体道德低下。实际判别中，个体个性上的善恶品质与他所在人群的共性善恶要做区分，不能以偏概全。因为个性品质在任何民族、国家和文明都会有所发生，只不过概率不同。

第五，人们既然没有办法去知晓他人当下的主观意识，便常用自己的主观思维去揣测他人的心思。由此，在沟通不充分，有障碍，或者根本不屑于去了解其他人（群）的情况下，人们往往以自身民族、国家、文明的道德水准去揣测其他人（群）的道德水准——道德水平高尚的民族看待对方也是高尚的；道德水平低下的民族看待对方也是低下的。双方的错估均有害——高的一方会低估对方的破坏力，从而导致自身损失甚至灭亡；低的一方会误判对方使用卑鄙手段，导致铤而走险，或因为对方的小恶而编造屠灭的借口。预判他人的行为，最稳妥的是根据其过去的行为和习惯，并结合其所面临的形势来判断动机，这是人类普遍接受的。例如：人们常常在失窃后怀疑有惯偷行为的邻居；全天下的警察和法官也秉承这样的思维惯式——有前科者首先被怀疑。做到这一点的前提条件是对判别对象的过去全面了解，即对一个民族、国家和文明过去数百年乃至上千年历史的了解。

三、论人群的对内道德水平

从一般人类无差别指标看：非内战时期，一国内部道德恶的水平可由其犯罪率（补上未受到惩罚部分以及还原法律对罪犯保护部分则更精确一些）近似反映，因为犯罪中全面涉及了生之道德、死之道德和分配道德。按照全球统一标准开展加权统计，得出一定时间范围内各国人均量刑数（死刑、有期徒刑、罚金等按统一标准折算），则该数据可用于各国内部道德恶的一面的横向比较[1]。另一方面，也可以在维持同等治安水平前提下，通过警察在国民中的数量占比来近似衡量。

在内战时期，社会的道德水平总是糟糕的，总会有杀戮发生。

---

[1] 以统一的、较能全面反映各国犯罪现象的犯罪种类和量刑标准为尺度，将一个时期内各国的犯罪总量统一折算并与该国总人口相比，得出各国的人均量刑指标。也可以粗略计算，即该国至少进过一次监狱的人口比例以及平均服刑时间等。

内战时期不宜将国家看作一个道德主体，因为国家此时失去了统一意志。这需要将参战各方分别进行道德观察。内战的结果如果对国家道德进步产生积极作用，则可将内战看作向善的代价。内战不免要造成本国人或参与内战的外国人死亡，这与对外战争中在他国领土上造成他国人死亡具有完全不同的道德性质。同胞被本国人杀死和被外国人杀死所引起的道德情感截然不同。对外战争好比一个人去杀死、伤害另一个人；对内战争好比一个人内部癌细胞和正常细胞之间吞噬的病理反应。后者可能造成本人病亡，但不会造成他人死亡。因此内战无论如何惨烈，只要不对外输出转嫁矛盾，就和该国的对外道德大体无关。

长期综合评判一个国家的内部道德水平，要看其社会分配的公允度。基尼系数具有一定参考意义，但绝对平均不是善，且基尼系数体现不出"增量看效率"的公允。相对于人类历史上存在过的各国、各民族、各文明，我们已经无法考证其基尼系数和犯罪率，但其对"什么是分配公允"以及对分配不公的解释倒是可以从其思想界（特别是官方哲学）的史料中得到。在其数千年的历史长河中，这些思想所代表的当时社会主导意识也必定要作为当时社会分配的主要依据。由此，我们可以从中观察其道德进步的过程，这一点我们将在后文详细讨论。在大数据时代，应该探索重建道德统计学科以统一标准精细评价特定人群的对内、对外道德实践水平。

※　　　※　　　※

作为道德体系的群体道德意识要对个体欲望开展约束，对个人过度欲望形成的恶展开否定。然而，对社会各阶层欲望厚此薄彼的压制是一种利益划分手段，不是善；对社会成员每个人欲望的合理均等地调和、约束才是善。随着人群密度的增加，人们之间的矛盾冲突加剧，总是小心翼翼地维持分配的公允，对全体成员欲望开展均等约束依然是不够的，还需要对欲望开展引导，为欲望的释放搭建合理路径。这一方面要遏制不良欲望的过度膨胀，调节相互碰撞的合理欲望，另一方面要控制、疏导欲望的流向，引导欲望持续向善，如此才能进一步推进社会道德体系的完善和道德水平的提高。

个人及社团、组织的恶由其所在的民族、国家、文明层级的道德治理进行否定，即低级个体的恶被高级群体的善否定；而国家、民族的恶则须由全体人类的道德治理对其开展否定。但截至目前人类的治理体系尚未完全形成，这一点还无法完全做到。未来人类整体的对内道德，不仅要服务于国际社会分配上的公允，也要从人类整体出发，促进各民族、宗教、国家的融合，持续遏制其对外的恶，引导其对外欲望，从而构建不同于丛林社会的人类社会。

第三章　从道德的经济学含义角度回顾人类生之道德、死之道德的发展史

第一节　人类道德进步的历史曲折性

暂时撇开可能存在的人类下一次大毁灭（或人为或自然原因）不谈，我们这里先讨论人类道德进步在可考察、可预见的历史时期内的曲折性。

一、论德不配（约束欲望之）位

对历史开展道德观察时，最容易看到的是人（群）之间利益关系的转化和人们逐利行为的动态变化结果。欲望的对象是利益，逐利行为是欲望驱动的。道德的对象是道德主体的欲望，因此，从道德的经济学含义角度看，人类道德的发展历史所针对的即是人类欲望的发展历史。

人类道德历史并不总是进步的，也伴随着巨大波动。中西两种文化不约而同地描述了原始社会末期的美好道德发生了堕落——中

国有"尧舜圣贤时代",并有从"大同"到"小康"的转变;古希腊有黄金、白银、青铜、英雄、黑铁①五个道德依次退化的时代。无论是尧舜时期还是"黄金时代",都处于人口密度低,国家规模小,即所谓的"小国寡民"状态。民族和部落之间很少因土地纠纷而产生征战,原始人群的生存焦点是人和自然环境的矛盾,即人从自然环境获取生存资料实现种群延续,部落内部治理可以"无为而治"。即使这些时期被称为人类道德的理想时期,那也是基于低人口密度和低生产力水平,早已一去不复返了。

此后,人类每经历一次产业升级,人们欲望范畴的深度和广度就进一步增加。原始社会,全体部落成员的欲望充其量是食物充足,后代繁盛,即:"如那流淌着奶和蜜的美地""地上的子孙如天上的繁星"。到了农牧业时代,奴隶主和地主的欲望扩大为:广袤的耕田、华丽的宫殿、豪华的坟墓、满地牲畜、妻妾成群、众多奴隶或佃户任我驱使等。大工业时代,人的欲望则扩展到了他人所能提供的任何生产资料和生活资料的范围:别墅、公寓、豪车、游艇、私人飞机等,也会有人希望建立富可敌国的个人商业帝国。这是原始社会的酋长和农耕时代的王侯们无法想象的。二十世纪初,世界上的十几亿人在飞机发明之前都没有奢望过切身遨游天空,但随着飞机被发明的消息传播开来,人们看到了飞行已成现实,十几亿人飞行的欲望也一同被创造了出来。

科技和生产力的进步,使得单位土地的供养能力也提高了,生产出了更多的人口;琳琅满目物品的发明也生产出了人们的欲望,同时也生产出了只满足部分人欲望的产品。因此,生产力进步从欲

---

① 来自古希腊赫西俄德的《工作与时日》、《神谱》。

望个体的数量（即人口，一个乘数）以及个体欲望的上述范畴（另一个乘数）两方面，生产出了更多的欲望总量（乘积）。这个欲望总量随着生产力的阶段性革命呈现出阶梯性的急剧膨胀。个体欲望之间因稀缺而产生的矛盾，表面上是欲望与满足欲望的生产力之间的矛盾，而从道德角度看，本质上是人与人之间欲望碰撞的矛盾。为解决这个矛盾，不同民族和文明从其原始社会开始就发明出各自的道德体系去约束、调和。

大工业社会的兴起迄今已有二三百年，然而人类各文明发明出来的道德体系却是在漫长的原始社会和奴隶、封建社会形成，并不能适应、调和如今高生产力水平带来的高欲望碰撞烈度。西方文明试图通过不断对外输出矛盾以及构建契约社会的方式绕开这个"德不配（约束欲望之）位"的问题；中、印文明则在苦苦探索如何让农耕时代的道德去适应新的社会生产形态。总之，人们总要去设计新的道德体系或不断改进、完善现有道德体系去适应新的生产力和新的社会欲望膨胀。

各个民族、国家和文明较早时期的道德发展是相对孤立的，遵循着各自轨迹和逻辑。而一旦他们在历史长河中交汇，或个别交汇，或在大航海时代后在地球村内总交汇，生产力先进的必定要影响生产力落后的。但这并不必然带来道德水平较高的"文（明）化"了道德水平较低的，因为生产力先进的一方可能道德落后。如此一来，一个民族的道德水平并非永续提高向前，可能被消灭后中断（留存下的屠杀者的道德水平相较被屠灭者低），也可能发生倒退的"野（蛮）化"。

这里所谓道德上的"文（明）化"，指的是道德对其对象——欲望，实现了相对进一步的约束和遏制；而"野化"则是相反的过程——欲望，从其被约束、遏制的状态中重新回到了相对不受控的状态。这里的道德可以指社会整体道德，也可以指一群人或者某个人的道德，还可以指生之道德、死之道德、分配道德中的一种。生产力的发展是首要的、基础的、鲜活的，它实现了对欲望的满足，也生产出了欲望本身。道德对生产力新生产出欲望的约束和遏制总是滞后的。

二、论道德中性及从恶到善的过渡

道德进步的历史曲折性还表现在人类文明发展中一些貌似善的、进步的事物属于道德中性，并不一定带来道德进步，例如：生产力、科技、民主、自由、人权等。

所谓道德中性，首先正如前文所提及的——当一个事物既可用于善的目的又可用于恶的目的时则被视为道德中性。生产力指人类改造、征服自然的能力，涉及人与自然的关系，而道德涉及的是人与人之间的关系。因此生产力不直接关乎道德，它只是通过被改造了的自然作为中介来反映人之间的伦理关系。这种反映如果是积极的，促进人际和谐的则是道德的，反之则是不道德，因此生产力的发展进步属于道德中性。同理，科技水平的提高既可出于造福人类的主观目的，也会被人用来实现贪欲而危害人类，因此也属道德中性。

进一步以结果为导向，如果一个事物可能导致善的结果，又可能导致恶的结果，即不在后续的道德主体内实现持续的善，带来必然的道德进步，则也是道德中性。特别是一些对恶事物的否定，并不必然带来善。毕竟道德进步需要一个可持续的道德主体，同时需要以这个道德主体承载持续的善。例如：独裁者限制民众自由是恶，打倒了独裁者是遏制了其对民众控制的欲望，属善。而恢复了民众自由，也同时给了社会上的人行善与作恶、讲善言与说恶语两方面的自由，这便是道德中性。究竟后续人们行为的善恶哪个多些，还需持续观察。打倒独裁者的善（即对独裁者欲望的遏制）已经随着独裁者欲望的终结而终结。这个善并没有对后续道德主体——民众的欲望产生约束，它也就不在后续的道德主体中持续存在了，而自由尚不能确定在后续道德主体中带来善的必然持续结果。客观上由于人口密度增加的历史总趋势，人们总的自由度实际上降低了。一部分人自由度的增加如果是以另一部分人的自由度降低为代价，则是恶。

又如：现代意义上的反民主是恶，民主却是人群对内、对外道德两方面的中性。因为有好的民主，即民主纠正的错误大于民主本身带来的错误；也有坏的民主，即民主本身带来的错误大于民主纠正的错误。人权包含了人实现欲望的权力，属道德中性，过多和不足均不妥。不尊重人权是恶，但对不同人、人群的人权厚此薄彼也不是善。对所有人、人群做到合理均等地共同得到或共同放弃某项权力是人权的善。随着人口密度增加，欲望碰撞加剧，客观上一些人得到的权力便是另一些人失去的，因此人们须共同放弃的权力会越来越多。

既然自由、民主和人权都是道德中性，我们就有必要对其恶的一面进行限制，以扬善避恶，也有必要限定民主、自由和人权三者之恶的边界。

总之，唯有道德和善才必然令人类获得可持续发展而不至自取灭亡。自由、民主、人权却不一定，因此道德与善高于自由、民主、人权。

最终，人类只有在后续的道德主体中，达到可持续的"善"——

对欲望合理均等约束——的客观结果才能带来一次道德进步，即使这种达到可能是不全面的。从恶过渡到道德中性，是从恶过渡到善的预备，可以视为道德进步的先决条件和必要步骤，是道德不完整的半次进步或进步的预备。人类从恶的人身不自由达到善的人身自由，从恶的不民主达到善的民主，其道德准备的中性阶段会十分漫长。近现代提倡的自由和民主已数百年，但目前仍处于其发展的中性阶段，这体现了道德进步的历史曲折性。

人类道德水平以往的进退步基本上围绕"善"的两方面——有的进退步涉及"均等"和"非均等"，有的涉及"遏制"与"放纵"。最终，道德进步要落实到对欲望持续约束、遏制的结果上。"均等"只要不必然产生遏制欲望的结果，则只算道德中性，是实现进步的预备。本章及后续几章，我们将会从生之道德、死之道德和分配道德三个方面阐述人类道德这跌宕起伏的发展史。

第二节　生之道德

性欲，对于普通人，青春期一到，便按时按点地来得原始而直接。此时人可能尚未参与社会生产活动，也还没有意识到人生如白驹过隙，尚不知晓社会分配的深浅以及死亡的超脱。人成年之后几乎最先遇到社会道德体系中生之道德的调节。因此，对于大多数人，生之道德所产生的影响要先于社会道德观念中的分配道德和死之道德。生之道德的观念由此也构成了大多数人一生中最早的道德意识，也成为人一生道德水准的基石。

对于从事社会生产的主力军——青壮年，寻得佳偶，获得组建家庭、延续后代的物质资料，成为其参与其他逐利活动最基本和最常见的动机根源。除了极端条件下获得食物、水等必要生存资料外，短期内满足性欲先于中长期逐利行为的"立命""攫土"及更高层次的"窥权""沽名"等欲望。"揾性"在人的一生中长期居于马斯洛需求的最底端，是多种其他欲望的根源。

一、婚配范围缩小所产生的道德进步

生之道德可能是人类最早产生群体道德意识的领域之一。自从婚姻的产生，哪怕是最原始的血婚和群婚制，随着对优生的认识，人类也从乱交中初步区分了可通婚和不可通婚的对象，这是一个巨大的道德进步。人在面对可婚配与不可婚配的对象时，遵循的伦理道德准则是有区分的。这种区分，丰富了原始人群的道德内涵。面对心仪的异性，不能与之婚配，必会带来主观上对欲望的隐忍，客观结果上的优生，因此这是一次完整的道德进步。

血婚制排除了长辈和子女之间的婚配关系，人类才开始产生代际和祖先概念，这是人类产生后续的亲子抚养、子女教育等道德的基础。群婚制排除了亲兄弟姐妹之间婚配，并产生了母系氏族制度，一个部落被人为地分为内部不能通婚的两个乃至多个集团——氏族。最初，男子须到女方氏族婚育生活，氏族之间就产生了外婚制。

外婚制产生的道德进步是巨大的。一个人与婚配对象在结婚前实施兄妹、姊弟的伦理，而婚后行夫妻之道，如果不做到角色及时转换，会造成道德行为准则的混乱。通常，两个人之间发生性关系前后，心理变化是巨大的，双方的道德义务角色也要发生重大变化。禁止本氏族兄弟姊妹之间婚配的外婚制，避免了亲属之间的这种道德准则混乱。伴随着散居人群之间密度的增大，外婚制才能在陌生的外部异性中寻找结婚对象，才有助于氏族道德原则的规范化。

一个人从出生，到懵懂孩童，再到性成熟需要十几年。生之道德通过耳濡目染，言传身教，潜移默化地对子女产生影响，在性成熟后才获得了道德实践。

母系氏族内，孩子可以知道母亲、外祖母是谁，这是人类首次出现了可以追溯的祖先，族群有了血缘谱系。姓氏的产生是这种血缘的标签，图腾的产生是这种血缘家族对外关系的符号化。人能够追溯祖先，祖先崇拜就有了基础，由此才能产生祖先保佑，祖先灵魂不灭等思想，这是原始宗教形成的重要条件。原始人想要延续襁褓中的安全感，凝聚家族力量，和祖先产生心理联系是必然的。遵循祖训是此类联系的主要形式，历代祖先积累的原始道德观念才有了传承的载体。当姓氏摆脱了地域形态时，本家族的这些道德传承观念才在异姓陌生人群的环境中得到了强化。

随着婚姻制度的发展，婚配对象的范围逐步缩小。起初是限制同一母亲所生的兄弟姊妹之间婚姻，后来连母亲兄弟姊妹（舅和姨）的子女之间的婚姻也被限制起来。人，特别是男性性欲被进一步缩小了施加范围，性欲就得到了进一步的约束。

二、父（夫）权制导致的两个不道德

1.婚配范围缩小与一夫（对偶婚）制的产生

到母系氏族社会的末期，由祖母、母亲和母亲的姐妹组成了强大的氏族骨干，而婚配的男子由外部获得，婚配范围逐渐缩小。孩子往往既知道母亲是谁，也知道父亲是谁，这就为对偶婚的出现以及父系社会的到来做了准备。从血婚到群婚再到对偶婚，进步的动力来自人们对优生的探索，是以优化种群，提升人口遗传素质为客观驱动力，这个过程也推动了道德的发展。但从对偶婚到专偶婚的过渡，母系社会向父系社会的转变却是通过不道德推动的。

随着婚配禁忌的增多，群婚制已到末路。巨大的氏族村落内开始出现供本氏族妇女和外氏族男子同居的小屋，即使这种一夫一妻是短暂的。在群婚制下，十个女子可以解决十二个男子的性欲需求，但对偶婚的出现，一个女子在一个时期内只能和一个男子同居，适婚年龄的女性就变得稀缺。男性在求偶中的主动性使抢劫婚姻开始出现。同时，社会以氏族大家庭为生产组织单位，向以个体一夫为标志的对偶制小家庭的生产组织单位发生了过渡——社会生产单位规模缩小了。在一夫制的生产单位中，男子在体力上的优势转化为在生产活动中的优势，男女便有了小家庭内部的分工。

2.男女的自然分工

不同于牧业、农业、手工业、商业这些社会整体人群的大分工，人类内部自古以来就有性别的分工，即生育的分工。这是从动物界继承下来的，例如：狮群、猴群中，雌雄就是有分工的。在新生儿死亡率和儿童夭折率高的原始社会，人类只能通过多生才能维持一部分子女能够活到适育年龄，做到种群的延续。妇女会经常由于妊娠分娩脱离劳动甚至死于难产。原始社会虽然不存在私有制，但是必然存在生产——即渔猎、牧养乃至后期耕作——以及生产果实分配的情形。壮年劳动力自然会分得多一些，儿童等自然会分得少一些。按需所分，体现了当时人类分配的自然差异。打猎得到一只鹿，自然会有味美的部位和难以消化的部位。在食物不充裕的情况下，猎物分享也必有肥瘦和成色区别。这些分工和分配大致不存在固化的剥夺和歧视，不存在固化的不道德，因为原始人群是谋求生存的整体。在人群间密度极度稀疏、生存环境恶劣的条件下，损失任何人口都会威胁族群的延续，大家共同承担着收益和风险。在如此的共同社会分配中，女子因生育和体力劣势而蒙受社会分配歧视的风险较小。

3. 男性掌握了社会分配主导权后导致性别的不平等

作为生产单位的对偶制家庭要比氏族大家庭的生产规模小得多。前者的主要劳动力只有一个成年男子（或有已成年的儿子），而后者则有多个男子。对偶制家庭中，男人的逐利（劳动）能力成了家庭生活延续的关键。生产单位变小，女子因生育和体力劣势在社会分配中蒙受歧视的风险就变大了（其生育角色无法由群婚制中的其他女性接替）。因此，在这种小规模生产单位的范围内，男女社会分工导致了两性之间首次出现道德退步。从群婚制到专偶婚制的过渡过程中，从共夫到专夫，女子遭受了普遍的不道德，即自己需要从共夫的状态下赎身（少女送到寺庙卖淫或者部落贵族行使初夜权即共夫制度的遗风），而委身于一个男子。此时妇女们都希望夫婿是个逐利（劳动）能力较强的男子。女性的这种委身是以牺牲自己在共夫制度下原本享有的多偶权为代价的。男子占据了家庭生产单位的主导权后，母系社会就寿终正寝了。伴随着遗产专属所有制的产生，以及通过父系认定子嗣，专偶制家庭最终得到了确立。所谓专偶是对妇女择偶的专一性而言，是男子的父（夫）权制强加给女性的。自此人类进入了父系社会至今。在漫长的游牧和农耕时期，男子在生产过程中拥有体力明显优势，由此，在父系社会中男子便占据了家庭分配的主动权。

早先的男女分配不平等本是专偶制家庭内部分配的不平等，后经生产形式不断演化，这种不平等从家庭内部外化到了社会生产组织中。男子总体上运用在社会分配过程中的主导权，故意压制女性应得的份，以换取总体上择偶的主动。女性则将性作为逐利的工具之一，以应对这个不平等。

4.择偶竞争加剧了男性之间分配的不平等

群婚制满足了男女双方的多偶性要求，一个婚姻大家庭中的男性之间似乎没有什么嫉妒心，女性之间也如此，大家生的孩子不分彼此共同抚养。专偶婚诞生后，个体家庭中作为一家之主的单个男性成了抚育后代的主要经济承担者，这就前所未有地激发了男性之间的嫉妒。因为在现代DNA亲子鉴定发明之前，男性总无法确切地知道子女的生父究竟是不是自己，这触发了疑神疑鬼。男性用贞操观禁锢女性的思想和实际行动自由，实现对其专有——毕竟，戴绿帽子后替他人白白养大孩子的成本是巨大的。人类婚姻的首要目的是生殖，而专偶制婚姻的首要目的是男性确保婚姻所生子女出于自己，因此专偶婚约与其说是男女之间的约定，倒不如说是男性之间关于此女专我所属的约定。

女性具备生育能力是从性成熟到绝经，总共持续三十来年的光景，因此女性趁着自己青春尚在而寻求夫婿的想法是迫切的。这将以更好的妊娠年龄条件获得更加优生的后代。而男性的生殖能力则长达六七十年，他们尚有时间在获得一定经济基础后再觅得伴侣，以更好的物质条件养育后代。因此，在择偶时，十几岁到八十多岁男性的求偶范围集中在十几岁到四十多岁的女性，处于择偶期的人数形成男多女少的局面。同时美丽女性的稀缺造成在个体层面上男性择偶竞争的加剧。毕竟，男性择偶获得优质后代的竞争一直是社会前进的重要动力之一。

僧多粥少，男子财富的现实差异，以及逐利能力等潜在差异，必定造成一部分男性获得了配偶，而一部分男性暂时失去了配偶，产生不均衡。但只要总人口男女比例均衡，绝大多数男性最终能获得配偶。从统计意义上，一个成年男子占有两个成年女子会造成另外一个男子无配偶，因此一夫多妻制本质上来自男性之间社会财富分配的不公允、不道德。

再美的容颜也会老去，择偶期相对短的女性，面对众多择偶对象，一部分人也希望能够以结婚作为超越原生家庭的机会提升自己在社会分配中的地位。这样，相对稀缺的部分育龄女性通过择偶实现了在社会财富性别分配不均情况下的逐利。我们看到，越是富庶的地区，越是能赚钱的生产组织，其内部未婚、美丽女性的聚集度就越高。我们在谈及一部分女性按次"零售"式向不特定对象卖淫，以及嫁给特定富人对象一次性"批发"式卖淫，都不要忘记这均源于男子掌握社会分配权的不公允，即前者是"末"，后者是"本"。

三、两性之间不道德的消亡

女性地位的提高，直接取决于社会分配过程中性别角色上的公允和均衡，本质上则取决于生产发展、科学技术对妊娠和体力差距的弥补。对女性逐利的认可，承认男女在逐利权上的平等后，性便不再是逐利手段。随着原始社会解体，传统农牧业社会的生产方式凸显了男性体力优势。此期间，男女地位差异也是最悬殊的——买卖妻妾、一夫多妻、休妻乃至杀妻都会发生。到了工业时代前期，女性被允许走出家门做工，从以家庭劳动为主过渡到以社会劳动为主，虽然较男性工资低，但对于传统农牧社会来说已经是进步了。工业时代后期，随着生产智能化和自动化，男女在智力、操作等方面本来就无差异的本质被表现了出来，女子在社会分配上进一步与男子同权。未来男女平等实现的根本途径是将生殖交给科学，将体力劳动交给机器，让女性获得更为彻底的解放。

四、生之道德的演化进程

1. 相对孤立的社会情形

在大航海时代之前，人类各个社会相对封闭。生之道德的发展有着从不道德，即不加区分的欲望状态，到第一个完整道德的产生，即血婚、伙婚、对偶婚的产生以及外婚制，性欲对象范围缩小，性欲得到遏制。随着专偶婚的产生，女子委身于单个男子，父（夫）权制产生，男子凭体力优势夺取了社会财富分配的主动权，道德退步便发生了，即强制限制了一部分人（女性）的欲望，而扩大另一部分人（男性）的欲望。生产力发展了，男女分配公允了，遏制了男性的主导欲，两性不道德消亡了，无论是在某个人群内部率先实现，还是在全人类范围内实现，都是道德的又一次进步。因此人类生之道德的历史进程是波动曲折的先退步后进步，甚至有大进大退的起伏。

每个民族按照自身发展的逻辑，在封闭情形下，或早或晚要经历上述阶段。有的民族虽然处于性不道德的父（夫）权制，但却属于发展较为领先的阶段。例如：中国宗法分配制度中嫡庶之分必须以严格的性道德为基础，否则会造成混乱，因此性道德也是中国社会分配制度的核心基础之一。有的民族处于母系社会的不发达阶段，妇女地位较高，但往往伴随着看似淫乱的群婚等原始婚姻形式，其社会的继承和分配体系尚不成熟。因此，只要各民族孤立地互不干涉，我们就不能用先进社会的道德去评判后进社会的道德，不能用"三从四德"的性道德去贬低某些原始部落的伙婚制度，不能简单斥之以"淫乱"。不同民族只是所处的发展阶段不同而已。经历了父（夫）权制社会，女性逐利欲望被不均等地束缚起来，性道德体系才在性别不平等分配的调和中获得充分发展，有的长达数千年，进而在男女平权运动中补齐束缚男性欲望的短板，实现总体性道德进步。而原始社会男女平等并没有经历过社会生产力发展中从依靠男性体力的传统农牧业阶段到弥补性别体力差距的后工业阶段对性道德否定之否定的扬弃，其性道德对欲望的遏制也就没有经历过从性别不平等到性别平等的转变，便显得缺乏历史的积淀。

　　在人类相对孤立、封闭的时代，影响各文明类型内部性道德发展的还有人口密度和民族融合性两方面。由于地域封闭，人多地少矛盾相对突出的中、印文明率先形成了对性欲实施限制的道德观念。印度文明产生了苦修主义，诞生了佛教等主张禁欲的宗教，并实际产生了效果，获得了部分社会成员的接受。中国南宋时期，由于北宋人口破亿且大量躲避宋金战争的灾民逃离淮河以北的富庶地区南下，使得长江中下游一带人口密度陡然增大。儒家学者朱熹等人便提出了"存天理、灭人欲"的世俗主义禁欲理学，一改中国封建社会前期较为开放的性观念，加深了社会道德禁锢，以适应当时人口密度的突增。然而，在印度文明和地中海诸文明民族不融合的背景下，各民族须通过生育开展生存竞争，保持在混居中的比率优势，因此类似的宗教禁欲主义始终无法成为主流。地中海类型的文明中产生过基督教禁欲主义，但最终因虚伪而失败了。

2. 相对开放的社会情形

随着交通、通信工具水平提升，人类跨国、跨民族、跨种族、跨种姓的交往越来越密切。从长期看，种族、种姓隔离制度以及各类内婚制的樊篱将被摧毁，人类不可避免地进入漫长的民族大融合、大混血时代。这个过程中，生产力先进社会的性观念要影响生产力落后社会的性观念，尽管后者的性道德可能要比前者有演化上的领先。目前，中、印文明主体早已完全进入父系社会数千年，而西方日耳曼、斯拉夫诸民族则刚完成从母系社会向父系社会过渡（即从对偶婚向专偶婚过渡）数百年[①]，总体发展上要晚于中、印。其性道德体系尚未在传统农牧业社会阶段发育充分，父（夫）权制男尊女卑的观念尚未根深蒂固，尚有一些原始遗俗。西方社会体现出了对妇女的尊重、乱伦、性开放等道德与不道德并存的局面。在希腊理性主义哲学传统和希伯来宗教改革的感召和推动下[②]，日耳曼人在近几百年中率先爆发出先进的生产力，男女体力差异得到了科技的弥补，从而抄近路进入了性道德进步的后工业阶段。

资本主义生产方式诞生以来，所到之处基本上横扫了各文明中保守的性观念。因为，性，作为一种诱惑，可以引发购买欲望，从而促进商品销售。不少商品都被赋予了揾性手段的含义，用以刺激销售。化妆品、服装、汽车、体育等产业都直接服务于人的性魅力

---

① 恩格斯《家庭、私有制和国家的起源》中《克尔特人和德意志人的氏族》、《德意志人国家的形成》等章节提及。

② 王洋：《伦理结构、尊卑与社会生产》，中国经济出版社，2011年，第117–120页。

展示，其产品成为人类性征的延伸。资本主义社会中，人的性欲被前所未有地激发和利用，因此资本主义生产方式带来了生之道德的普遍退步。资本主义必然导致娱乐业发达，而娱乐业所贩卖商品的核心内涵是"对性欲的直接或间接满足"。同时该行业能够对全社会，乃至全球的人欲物欲产生导向作用。西方的性开放正恰逢其时地迎合了资本主义的发展。

对于父系社会发展比较完备的中华文明，西方的闯入一方面促使古老的父（夫）权制社会恢复了对妇女的尊重，促进了两性平等的道德发展；另一方面性开放和资本主义生产方式对欲望的刺激也让中国保守的性道德发生了"野"化。

民族、国家之间交流频繁之后，也涉及人群的对外性道德，这往往伴随着异族通婚展开。在嫁娶没有性别偏重的情况下，异族通婚不会对本族内部男女择偶均衡产生影响。但在全球化和普遍父系社会的时代，国际社会分配权落入一部分民族、国家和文明手中。妇女可以通过跨国婚姻的方式开展逐利，这会造成上述社会之间的择偶不均衡。大规模对外性暴力和性犯罪，往往伴随着民族之间的征服和屠杀，本书将其归于死之道德中群体对外道德部分加以讨论。人类历史上的民族融合中有相当部分是以全部杀掉对方民族的男性而实现的，因此当前世界民族融合的状况不完全是善的结果。

现代社会条件下，随着避孕技术和性病防治技术的产生和进步，使得性欲与人口繁衍逐步脱离了关系。在此之前，道德还能借助生育、养育、性病之苦来震慑欲望本身；而此之后，性欲摆脱了生理和经济上的桎梏而成了一种娱乐。承载控制人口密度任务的已是高昂的生养成本。对普通人来说，婚姻制度是囚禁性欲唯一的，且残破不堪的笼子。这个制度是基于优生、财产和子女抚养三个因素才被人们发明出来——对于第一个因素，目前人口高密度和高流动性下，人们每天遇到许多陌生人，近亲结婚几乎不可能；对于第二个因素，婚前财产保护，女性经济能力独立，男女分配趋于平等已让婚内性别分配依附关系大大弱化；此外，随着单亲扶养能力加强，教育社会化的普及，儿童生理、心理的早熟以及后喻时代①的到来，第三个因素也被削弱。因此，人类婚姻制度未来有趋于解体的趋势。

第三节　死之道德

死之道德，从经济学含义上看是一种分配道德，但其高于分配道德，这关系到剥夺什么人以及剥夺多少人在这个世界获得生存空间和生活资料的意志选择，属大是大非，是"非均等"分配的极端情形。一个人死去了便释放了其原来占有的生存空间，因此死之道德所涉及的人口消灭和驱逐与人类的空间之争有着深刻和必然的联系。

不同于生之道德和分配道德的善——对欲望遏制约束要到适当的状态，因为繁衍和获取利益对人的生存是必须的——死之道德的善是彻底断绝杀戮他人的欲念和实践。由此，生之道德和分配道德都经历从原始的道德状态，继而到先退步再进步的螺旋上升过程；而死之道德的进退步在人类两次毁灭之间的地质历史时期内呈曲折态势。

最初在人群间密度极小的远古时代，自然生存条件极其严酷，

---

① 指在当今高科技的某种条件下，晚辈（或学生）由于掌握了一定新知识、新技能，反而给先辈（或教师）传授知识、培养能力的时代。

原始人群内都不希望同伴死去，以便能够延续种群，此时人类自相残杀是较少发生的。除非食物极度匮乏以及原始宗教原因，才会出现食活人以及活人祭祀。人类将自己的同类作为食物，是最初的不道德——直接剥夺了他人参与社会分配的权利，将分配参与者变成被分配的对象。古代蛮荒社会，人们对被食者可能毫无同情，对食人者也可能毫无谴责，甚至连食人仪式都会成为欢快节日和隆重仪式。文明时代来临后也会有食人现象，如大饥荒期间"换子互食"和变态狂。食人者要么是内心极为愧疚的，要么是被极为痛斥的。因此，就对待食人现象本身而言，人类社会的道德是进步的。

随着人群间密度增大，产生冲突，有了人群间的杀戮。现代人（智人）依靠着更好的组织和协作击败并灭绝了同族同属的尼安德特人、丹尼索瓦人等，在生物分类学意义上成了本族、属、种的独苗单传。远古杀戮大多数情况下是因为食物极度短缺或养不起战俘，社会分配的公允线击穿了人群最低生存底线，通过剥夺他人生命的方式获得延续自身生命的食物，获得最基本的生存之"利"。进入文明时代后，随着"利"含义的扩大，杀戮的原因也扩大到了土地、资源、宗教、配偶、权利、名誉等。在社会尚能养活的情况下，对他人（群）展开杀戮，剥夺其社会分配权而使自己获利，加之科技进步，屠杀效率提高，屠杀绝对数量大增，这从道德的经济学含义上刷新了因饥饿而产生食人以来人类道德的下限。

关于死之道德，当今人类至少表面达成了一致——减少死刑，慎重执行；从酷刑处死到无痛死刑；不以杀戮去解决人（群）际纠纷；种族灭绝和大屠杀受到谴责。这些都是人类从主客观两方面遏制杀戮欲望和行为上取得的道德进步。但当今世界还远未达到善的状态，同时还存在人类未来毁灭时出现道德大退步的可能。

一、三大文明类型死之道德的群体对内方面

非内战的常规时期，一个社会涉及死亡的犯罪率高低标志着其内部死之道德水平的高低，这包含：涉故意致死案件和被判死刑案件，前者涉及普通社会成员道德，后者涉及立法者和司法者的道德。就个体而言，直接杀死对方即可解决人际矛盾。作为农耕文明的中国和印度，人们处于人口密度较高的定居状态，各自有土地耕种作为收入来源，人际矛盾的解决不提倡械斗。而西方文明则大大不同，其祖先日耳曼人在欧洲做着游牧、游耕、劫掠和海盗的营生。他们不断迁徙，与各民族散居、混居成为常态。日耳曼各部多有随身携带武器的习惯，以至于罗马人形容他们"可以用流血的方式获取的东西，如果用流汗的方式得之，未免太懒惰无能了"①。古代日耳曼法允许司法决斗，即法官许可控辩一方杀死另一方以解决个人恩怨。这个风气一直延续到十九世纪才结束，且已广泛扩散到欧美各地。早期使用刀剑决斗，后来使用枪支。社会既然允许持刀枪，则必然有削砍射击的对象——要么是野兽，要么是人。低人口密度的旷野里的确需要刀枪防范野兽，但这也必然要增加人受到武器攻击的机会，而无论是主动的还是被动的，无论是用于自卫还是蓄谋、冲动。西方人持枪，减缓了西方社会人口密度过快增长，这也是西方人非正常死亡的主因之一。携带武器如果是自由的权利，只有低人口密度的情形下才能维持它，同时它也服务于维持人口低密度。

内战方面，中、印和地中海三个文明类型的内战都比较频仍，或者说整个人类均如此。但区别是：地中海类型文明的内部矛盾通

①　塔西佗《日耳曼尼亚志》。

过流放、殖民等方式对外转嫁，甚至形成像冷战这样裹挟全人类的危机①。印度历史上内部土生土长国家之间的征战较少，主要是外来民族与原住民的矛盾。当外来民族在印度扎根后，外部矛盾也就转化成了内部矛盾，此时又会有新的外族入侵带来新的外部矛盾。古代中国改朝换代主要还是在中国内部进行，外部输入的矛盾相对不占主流，且国内矛盾也不大外输。

二、三大文明类型死之道德的群体对外方面

衡量群体对外死之道德水平高低的是屠杀输出量。在没有先决恩怨的情况下，如果一个道德体系对屠杀另外一群人的行为做了合理解释，那么这个道德体系的对外道德水平一定是低下的。

地中海文明属于民族冲突而不融合类型。历史上和现实中屠杀输出量比较大的国家均出自此文明类型。殖民主义、宗教极端主义也多出于此。中华文明在秦朝统一之前，如春秋战国时期，此类道德也同样糟糕——诸侯列国间大肆屠戮战俘平民事件频发；而秦统一之后，对外始终处于防守心态则是道德上的重大进步。长城的修建用以防御，不到万不得已不对北方骚扰的蛮族开展主动出击。特别是宋明以来，国家愈发闭锁，象征性地对外派出郑和船队这样的军事力量也只是宣布皇恩而已。即使蒙古、女真对汉族开展过大屠杀，但汉族在重新掌权后也没有采取过大规模报复。印度文明此类对外道德更为保守。在古印度这个地理区域内，不断有外部力量对其开展征服，而印度基本没有在外侵上迈出过大步。

---

① 冷战是西方内部的斯拉夫人（东正教文明）和日耳曼人（天主教和基督新教文明）矛盾的外化，详见作者前著《伦理结构、尊卑与社会生产》（中国经济出版社2011年出版）第105页及第107页注解116。

　　在充分交流的现代社会，大规模屠杀发生的概率越来越小。原因一是信息的摄取和传播更加快捷，屠杀行为会被迅速公之于众；二是核恐怖平衡使得世界性大战暂时打不起来。但这二者的出现并不能从本质上对想杀而不敢杀的民族在向善上产生促进作用，而只是阻吓而已。即使进入了科技时代，技术手段改变不了一个民族对外道德水平，反而能提高杀戮的效率和隐蔽性。人类迄今依然可能因互相残杀而灭绝，从历史行为习惯推断未来，这个危险大概率发轫于地中海文明类型。

第四章　作为社会分配依据的分工和所有制

推动生之道德进退步的因素自原始社会结束以来更多地归结于性别分配均等的问题——优生在人口密度增加的情况下已经渐渐退出了生之道德进步的主要驱动力；死之道德在经济学含义上属分配道德的极端情形。因此，生之道德和死之道德一方面是分配道德的开端、终结以及基础，另一方面也可以统一于分配道德。

在一个群体内部，分配活动的标的物多源于社会生产活动的创造。生产活动中的初次分配是一切社会再分配和其他分配活动的基础，也是造成贫富差距的主因，它决定了整个社会分配的基本格局和面貌。初次分配所体现的道德水准决定了社会分配总的道德水准。社会分配的总结果源于生产活动的初次分配中各个掌握分配权的人开展分配实践的总和。在讨论分配结果的公允之前，我们首先讨论生产分配的依据。通常，人们以生产资料所有制作为其基本依据。

第一节　私有制的产生——人群内，生产分工中对个人逐利权的承认

群婚制及其以前的原始社会，即婚姻大家庭范围内的生产，无论是采集、狩猎还是制造工具，总体劳动技能大致简单到尚未超出一个人一生学之所及。起初，由于原始人群间密度低，生产活动只便于在单个人群内开展——生产工具公有，劳动产品共同分配，子女不分彼此共同抚养，这就是所谓的原始共产主义。随着人群间密度增加，具备外婚特征的对偶婚出现了，有了一夫一妻制度，孩子也知晓父亲是谁。父母双方总要为抚养子女着想，使得夫妻二人在经济上有了共同打算，毕竟抚养下一代是个相当私自的事情。

从对偶婚过渡到专偶婚，较小的家庭生产单位被确立了。原始社会末期，专偶婚家庭既是血缘单位也是生产单位，但我们不排除，这些小的生产单位之间存在着周济和产品交换。随着人们生活需求的多样化以及生产技术的发展，部落内部出现了不同于"人群间社会大分工"的"个体家庭间的小分工"，例如：金属锻造、制陶、制造弓箭、酿酒以及养殖、耕种等专业化分工。其生产方式也是小而零散的，从事生产的是专偶婚家庭成员，可能还未出现雇佣关系。这些分工的出现标志着第二次社会大分工的到来。手工业首先用来满足部落内部需求，生产出的产品就地消费，尚未形成单独的社会阶层和空间聚集，从业者与部落其余从事农业生产的成员混居在一起。此时，所有劳动者要面临最初的职业选择——社会上各种劳动知识与技能的总和，由于生产发展变得庞杂，一个人倾其

一生也无法全部习得，因此必须形成各有侧重的个体劳动分工。原先氏族大家庭生产时，每个人基本都会掌握社会全部生产所涉及的为数不多的简单几种生产工具和劳动技能，这是原始生产资料公有制的重要基础。此时则不然，人们需要较长时间学习才能掌握某项劳动。

在尚未存在雇佣、入股、技术买卖的个体简单原始生产前提下，部落内分工直接导致了生产工具（生产资料）私有化——一个人不掌握打造青铜器的技能，便要承认锻造者（或其家庭生产单位）对炉子和坩埚的所有权；一个人不知发酵技巧，便要承认酒窖和蒸锅的所有权属于酿酒者本人或其家庭；手工业者们无法专门从事农业劳动，便也要承认农户对农具的所有权。私有制（主要是生产资料私有制）简单原始的社会属性是一个人群内全体成员或其委托代表机构对某个人及其家庭对某物占有的承认。一个人声称月亮为自己私有财产是可笑的，因为没有其他社会成员对此认同。契约基于一定人群范围内立约各方同意或承认，因此所有制属于具有社会共识意义上的契约。而人群间，例如：部落、民族、国家间产生对某事物归属的认同则超出了所有制概念的范畴，有的甚至数千年也未必能够达成一致。

原始分工是简单的，并没有超出部落内部协作范围。劳动产品用于交换，使得每个家庭有了营生。这种营生是一种维持生存延续的逐利行为。承认人群内其他个体对其简单生产工具的私人占有，本质上是承认他人通过这种私有生产工具开展逐利的权力。财产子嗣也是承认该家庭的子女获得父母遗产，特别是生产资料遗产，以及通过这些遗产开展生产逐利的权力。专偶制家庭生产工具作为遗产并由此附带子承父业的技能传承是私有制产生的最初重要内涵。

社会内部分工是生产资料私有制产生的直接原因；承认生产资料持有人使用其开展逐利的权力是生产资料私有制产生的本质原因。剩余产品的出现导致私有制产生未必确切，因为从人类诞生到近代，世界上各个文明和国家都未必出现过真正意义上的分配剩余。近代之前，物资匮乏和社会分配不均是常态。

原始社会结束以来，随着生产力的发展，生产技术的复杂化，一个社会内部行业分工，行业内分工，乃至一个产品的产业链上下游之间的分工变得细致起来。各项生产活动的投入产出比、获利能力各不相同，即满足人们欲望的程度不同。这种肥瘦不均自从生产分工诞生那天起就引发了争斗，不仅在个人之间，也在人群之间。越是争斗，属于你还是属于我的私有制观念就越被强化。古代社会内部投入产出最悬殊的生产分工无疑是脑力劳动和体力劳动的分工，前者基本脱离了生产活动。在体力劳动占据决定意义的农牧时代，避免重体力劳动而收获无疑是最诱人的。

在大工业产生之前，人类在生产力尚不发达时产生的牧业、农业、商业等"大分工"更多地指民族、国家等社会人群间分工，从而产生游牧文明、农业文明和商业文明。分工多依据土地可供养的人群密度以及所处的地理环境而定。高纬度地区、干旱的草原、半荒漠、绿洲适于牧业，地理开放交通便利的地域适于开展商业。手工业只有发达到了生产消费异地，同类产业聚集才算得上人群间的分工，才最终从农业人口中分离。古代民族之间的大分工所产生获利的肥瘦之分没有现代工业分工所带来的那么悬殊，往往都是将将养活社会而已。人们争夺的焦点也是肥沃土地、资源、税源等现实实物，并最终依靠武力。工业和科技革命后，技术成了决定分配格局的关键因素，并和武力相互支撑，决定了武器水平。与此同时，技术也更多来自脑力劳动。科技时代的分配含义较以前有了较大扩展，不仅仅是上述实物的分配，更深刻的是对获利机会的分配，即对分工的掌控，特别是对生产开始前既定分工的掌握——决定你干什么，我干什么，利润高和关键环节由谁来掌握。

第二节　私有制的确立——对土地和劳动力的私人占有

一、土地私有制的确立

"土地是财富之母，劳动是财富之父"——在古代农业生产条件下，土地和劳动力私有制的确立标志着一个社会内部私有制度的根本确立。人群内的生产分工尚未像土地和劳动力那样对社会财富多寡的分配产生决定性影响。在定居状态下，人们有了固定的土地，并在土地上开展持续的农业生产逐利。居无定所的游牧民族，特别是欧亚大草原上的人们，可以无障碍地长途迁徙，畜群被视为最宝贵的财产。因此，他们形成个人土地私有的观念较晚，其人群内较早达成共识的往往是全体对某块大片栖息地的占有。

在广袤的古代原野上，人口密度是土地私有制确立的一个关键条件。如果人口密度非常低，人均可占有的土地产出大于人均年消费量，就不会在原始社会产生大规模土地私有化。这里，人均占有的土地还包括部落周围未开垦的荒地；土地产出既包括粮食、牲畜，也包括自然生长可供采集和狩猎的果实和动物。随着人群间密度增大，不同氏族和部落开始杂居。整个社会占有土地的产出已经不能满足全体消费，人们因土地产出获利形成竞争关系。进而，杂居产生的区域性利益集团开始逐步蚕食、摧毁旧有的包括氏族土地公有制在内的氏族制度体系。原有散落于氏族耕作土地之中的供对偶制或专偶制家庭耕作的小块土地成了世袭，加之地力肥瘦不均，土地之间发生倾轧，便加快了土地私有制的确立。

土地所有权的另一个确立方式是各小块土地间有着较为明确的地理界限，如小岛、半岛、纵横的河网、丘壑、林间空地等。无须人群间密度增大，这些支离破碎的土地较容易在人们心中形成天然归属概念。爱琴海沿岸的希腊、中欧、西欧的自然条件产生了较多此类情形。

土地私有观念的确立为基于土地依附的剥削开辟了道路。

二、劳动力私有制的确立

奴隶制和封建制经济的共同基础是基于权属观念比较明确的土地上开展的生产上的剥削与人身依附关系。为了保证劳动力的私人占有使生产关系得以延续，在最初人口还很稀少的古代，剥削者发明了国家这一区域性机构迫使劳动力与固定土地的稳定结合，以在较为固定的人群中获得持续的剥削成果。另一方面，国家对被剥削人群的束缚也为道德体系发展创造了稳定的人群条件。剥削关系以某种形式稳定存在后，才能在这个稳定的群体中开始构建道德体系，并为后续经年累月的完善勾勒出最初的轮廓。

维持住对固定劳动力人群的私人占有是奴隶社会和封建社会确立的标志。奴隶社会是奴隶主阶级对奴隶人身及其所生产劳动果实的完全占有。奴隶制产生的经济条件是平均供养一个战俘或掳民所需生活资料小于强迫其劳动所得到的产出。奴隶制表示一种奴役关系，即一部分社会成员将另一部分社会成员完全物化为无人身自由，如牲畜一般，可以强迫劳动、杀戮、献祭、买卖、剥夺生育权以及后代依然为奴的劳动工具；而封建制则表示一种土地获得方式，与奴隶制在含义上并无冲突。它与奴隶制存在交集，即一部分人（奴隶主、地主阶级）对另一部分人（奴隶、农民阶级）依土地所产生的劳动果实全部或部分占有；前者视后者为主要逐利工具。封建主的土地依靠分封获得，同时也可将土地上被束缚的劳动力视为奴隶。地主阶级对农民的奴役、迫害程度与奴隶主并无明显界限，有时丝毫不亚于后者，例如：俄罗斯、中国古代西藏的农奴制度。封建社会中从农奴制、隶农制，再到佃农、雇农制，是一个民族或国家内部矛盾的演化过程。在没有新兴生产力所代表阶级出现的情况下，这种奴役和人身依附程度的降低主要取决于社会分工形态变化，而非阶级之间斗争的结果。中国历代王朝更迭，起义军作为农民阶级推翻了地主阶级，自己摇身一变又成了地主，统治方式依然如故甚至变本加厉。

奴隶制是社会自然发展的产物，也可以是人为产物。前者主要基于自然民族冲突、交流以及不融合——原始社会瓦解的时代，由于人群间密度增加，各民族发生冲突和应答，自然形成了建立奴隶制的普遍条件。后者则服务于其他社会形态的经济目的——有组织地从其他地区大规模贩卖，并有意识地进行种族隔离，或因借贷和契约人为地创造出了黑奴和契约奴等奴隶制度。古代封建制则是由于一个统治集团在相对短的时间内获得大量土地后，囿于治理上鞭长莫及而开始产生的。这个统治集团的形成以及对大量土地的控制需要一个过程，这使得它的出现要晚于奴隶制。中国经夏、商两代扩充了大量领土，这为西周王朝建立较为完善的分封制打下了基础。周天子则依据嫡庶、亲疏分封天下。法兰克王国在获得西罗马帝国大量土地后，将其分封给军事扈从以委托管理。印度的封建制则产生于笈多王朝在贵霜帝国衰败后对北印度的统一之时。得到土地者再根据同样原则开展再分封形成诸封建制小国。封建制取代奴隶制，要么是因为国土内各民族大多已融合，要么是被征服土地上奴隶数量减少，大量平民产生，再也无法沿用旧有生产关系。

奴隶制和封建制的主要区别在于其内部诸多民族的融合与否。作为统治阶级的民族，在建立奴隶制国家后，其道德体系的构筑多重于调和各民族之间的矛盾，这将促使该民族对外道德体系的萌生和发展；如果其建立的是封建国家，在本民族内部开展分封，则该民族内部发生了统治阶级和被统治阶级的自我分化，这将促进其对内道德体系的发育和完善。因此，我们视一个民族摆脱部落形式建立奴隶制国家以及过渡到建立封建制国家为其对外、对内道德体系开始发展完善的两个主要起始标识。其他诸如：姓氏脱离地域形态、民族语言文字的出现和变迁，对外来成熟宗教的皈依和改创也可作为其道德体系开始发展完善的辅助起始标识。

劳动力私有制的确立是对原始社会道德的一次客观实践上的扬弃，分配不平等成为社会制度核心。各新生文明道德体系的形成首先是为了调和各自制度性分配不平等带来的矛盾，并在随后漫长的岁月中或各自或相互影响地逐步完善、进步乃至融合为人类统一道德，以实现对各自社会的不平等或人类总体不平等的再否定。

第三节　社会内部分工多元化促进 单一人身依附弱化

西方文明经历了漫长的奴隶社会，而中国则较短，甚至有观点认为中国没有经历奴隶社会。从道德的经济学含义上，奴隶社会和封建社会在剥削利益转移上无明显差别，由此我们不妨把二者做合并，抽提出其一般特征，统一定义这两个社会形态。

奴隶制和封建制均是人类首次在法律（契约）上允许一部分人对另一部分人正当地开展奴役、剥削，均是社会公开承认一部分人的逐利权，而否定另一部分人的逐利权，也承认由此产生的不平等社会分配结果。奴隶主和奴隶、封建主和农民之间基于地域内的单一依附，即基于固定土地上产出物分配关系中的剥削和依附。

在定居生产方式下，摧毁奴隶制和封建制分配不平等的是由生产技术发展或人口密度自然增加所带来的社会内部生产分工多元化，以及由社会分工催生的新兴社会阶层的政治要求及其武力。

如果一个封建庄园内的纺织者每年只能制作二十匹布，那么他必定要依附于这个庄园主。而一旦他掌握了每年制作两千匹布（已大大满足该庄园的需求）的新技术，他便不会再局限于本庄园地域内的生产活动，摆脱了对庄园主的依附关系。他提供的服务可以去满足周边其他城乡区域的需求。此时庄园主已经不能单独决定该纺织者在社会生产过程中的分工角色和分配结果；纺织者在生产过程中遇到的具有社会财富分配权的人不再是庄园主一人而是周边区域所有潜在买主；参与其生产分工的人也从庄园内部扩展到了社会上；纺织生产的组织、发起者也从封建庄园主变成纺织者本人。这样，他通过纺纱、编织等核心技术的突破带动了大规模生产所需的设计、采购、仓储、销售等产供销环节生产分工的多元化。如果玻璃匠、肥皂匠、造纸匠、磨坊匠等各类工种的生产能力都有如此普遍提高，社会生产方式则发生了质变，以单一土地依附为特点的封建经济便进入了穷途末路。不仅在封建社会，凡是基于对"拥有社会财富分配权的人"的单一经济依赖都是危险的。一个只会在一个工序环节上做一个加工动作的工人，无论是在近代手工业工场中印花还是在现代流水线上拧螺丝，他工作的时间越长则对资方依附越重，对资本议价能力就越弱。

打破单一依附的另一个方式是人口密度的自然增加，而无论是因为生产能力的发展使单位土地面积上供养的人口增加，还是人口再分布产生的聚集。由于单位面积内社会联系紧密和信息渠道的增多，人们需求便多样化了。在产销范围内，一个生产者即使生产能力不能提升，但他能够遇见数量更多的"拥有社会财富分配权的人"，即消费者，从而减轻对单个雇主依附。这里的分工多元化不单单指收入来源，也指需求多样化后带来的社会分工的庞杂和细化——财富在各种"拥有社会财富分配权的人"之间流动，分配渠道和体系也多样了起来，人们的逐利（从业）选择也多了起来。古代西欧流传"城市的空气使人自由"的说法——封建庄园内的农奴可以在城市获得自由，脱离土地束缚。那时城市生产力与乡村比并未有本质提高，是城市人口的高密度带来的社会复杂程度使他们获得了相对自由，并促使其成为资产阶级萌芽——市民阶层的一员。

从满足需求能力角度看，由于生产力不发达，古代满足一个帝王的欲望需要许多劳动力。皇宫、坟墓的规模是巨大的，乃至要动员全社会力量来修建，例如：古埃及金字塔。随着生产进步，满足一个人欲望所直接动用的人力越来越少。现代条件下，一个人即使住在城堡，拥有私人飞机和游艇，也不需要几十个随从。制造私人飞机和游艇的上百工程师和上千工人，可能终生未曾谋面到他们众多客户中的一位。因此，这些工程师和工人的产品虽然提供了帝王般的服务，但对客户并不产生直接基于同一块土地（劳动场所）的依附，也并不从这单一客户身上开展全部逐利活动。

在社会分工不发达的古代社会，被单一依附的奴隶主和封建主确切地知道佃户耕种的成本，工匠的收支，灾丰之年的谷物行情，能够把利益压榨最大化，极大地激化了阶级矛盾。而社会分工越来越细密后，消费者并不知道生产者的确切成本。生产者之间、行业之间的信息不对称增强，剥削程度和阶级矛盾就被掩盖了起来。随着生产力发展，产出量增加，即使分配更加悬殊，也不会轻易击穿社会生存底线，这就进一步掩盖了分配上的对立矛盾。

人类进入工业化社会后，社会分工的多元化意味着按照生产要素开展分配的多元化。技术、技能、专利、资质、甚至商业模式都成了生产要素。劳动者不再单一依靠体力劳动参与生产活动，这样也就瓦解了奴隶、封建社会依靠简单劳动而带来的在土地收益分配上简单而又尖锐的对立，进而形成了诸多生产要素之间在收入分配上更为复杂和微妙的博弈。在一个分工多元化的社会系统中，即使产生了人们之间更多的欲望和利益碰撞，但这也是存在于多个生产角色之间的。劳动者可以通过流动来选择剥削和人身依附程度较低的工作而缓和某个单一对立。一个人有机会将从某人那里失去的，再从他人那里补回来，总体相抵后或强于单一生产依附中所失去的，或直接掩盖了所失去的。每一次生产方式大变革所带来的社会分工变革，从宏观层面上瓦解了先前社会赖以存在的对立关系，从微观层面上瓦解了某个或多个行业所构建的既定利益分配格局。

科技对社会分工的贡献往往随着重大发明而产生阶段性显著影响，而人口密度对社会分工的促进则是潜移默化的。近代以来，在二者共同作用下，奴隶制和封建制的人身依附被大大削弱，劳动者获得了相对自由，为人类进入下一个社会形态创造了条件。

第四节　以逐利观点看待社会形态

一、以所有制划分社会形态的局限性

当前流行的社会形态划分依据是生产资料所有制。而所有制只是社会分配的诸多依据之一，即便是主要依据。它的诞生是社会分工、生产核算单位缩小，财产继承的需要。社会上还至少存在着一种机制去决定谁可以获得所有权，以及谁可以不通过所有权对其的认可同样获得社会普遍承认的逐利依据。因此所有权是一种从属性权利，分配的最终依据是更加直接的分配权——掌握分配权的人可以依据所有权开展分配，也可以依据血统、亲疏、战功开展分配。分配的结果是相应的同族、亲朋、功臣获得了下一步占有生产资料的权力。所有权不仅是分配的依据之一，也是被分配的标的。武力和技术决定了肥瘦不均的社会分工，这种分工实际上分配了肥瘦不均的获利机会，决定了剥削者和被剥削者由哪些人组成以及生产过程中的剥削程度。

再者，所有制不仅表示对财物的静态占有关系，更是一种鲜活的支配关系。诚然，一个重度昏迷的病人"所有"一件事物是缺少实际意义的。获得和失去是所有权的开始和终结——其"前端"来自主动地生产创造、夺取、交换以及被动地分配、赠予等；"后端"是主动地处置、消费、交换、馈赠，通过自己的分配权分出以及被动地剥夺、征收等。这"两端"是人们逐利以满足欲望的核心诉求，反映出"掌握分配权者"在利益转移中的主观分配道德。一个人拥有的任何财物都是替社会最长几十年的临时保管，因为所有权也是一种无奈的临时权力——死亡时，人所拥有的一切要被强制性地进行一次再分配。此外，所有权也常常被限制——限制交易、冻结；大股东控制权；所有权、收益权和表决权的分离；被课以流转、持有等税赋。

鉴于所有权如此的局限性，我们应将目光放在更加广泛和深刻的分配权上。一个人可以一无所有，终生从不踏进生产场所一步，所有社会关系中均不存在直接生产关系，但他必须参与社会分配才能获得最基本的生存资料。

生产环节上，我们一般认为生产过程分为：生产、分配、交换、消费四个环节。从时间先后顺序看，生产是起点，但生产未必是这四者的逻辑起点。生产首先起源于欲望，人们往往看到在分配上有利可图才去组织、参与生产。生产往往不是盲目的开始，而是生产者经权衡、算计、预判之后成本投入的开始。在分配对象上，分配的标的不仅仅是现实利益，更是获利机会。人们在开始生产之前，就已经在主观上，甚至以契约方式把潜在的获利机会通过生产分工，或以明确的分成方案在生产参与者之间预先分配完毕，而无论能否如愿。因此，生产活动被预分配关系支配。预分配是生产活动的源头，也是实现逐利欲望的源头。

以所有制划分社会形态，给政治家提供了便利——通过对人静态占有财产情况的区分，开展政治判断，操作起来相对容易；社会形态也可以在一夜之间完成跨越。但分配权是动态的，行使权力的时机和力度是灵活的——通过对物的全生命周期的使用，即使法律上并不拥有，却能达到与"所有者"征用社会资源（人的劳动）同样的使用效果以满足同样的逐利欲——因此行使分配权的得利结果在政治上是较难甄别的。

人的逐利欲，特别是那些具有或潜在具有分配权的人，那些能够决定分配结果的人的逐利欲，以及他们对欲望控制的意志选择——道德，是深植于内心的；全社会掌握分配权的群体的共同道德意识是有巨大惯性的，不会随着社会形态的更迭而突变。本书认为道德不属于经典理论中社会意识上层建筑，其历史发展有着自身独特规律。因此，我们有必要以逐利的眼光去看待社会形态演变，发掘基于道德的社会分配的历史逻辑。

二、各社会形态的逐利方式

从逐利，即人们从事生产活动的出发点来看待现有的社会形态划分方式，我们发现：原始社会的人群是一个逐利整体，即血缘家庭、氏族、部落和部落联盟是为生存而形成的整体。人们共同参与社会劳动，社会分配须确保族群延续，因而是比较公允的。

到了奴隶社会和封建社会，私有制的观念开始确立和完善。社会只承认一部分人的逐利权；另一部分人，其逐利权不被承认且被他人充当逐利工具。此时，各文明刚刚建立形成的文化观念的重要任务之一是对这种不平等开展解释。生产活动的主要承担者——奴隶和农民的劳动果实被夺取，形成分配不公允，这成为人类历史上的一次巨大道德退步。

资本主义建立后，至少在法律上承认本国主体宗教徒或民族内部每个社会成员个人逐利权的合法性。社会文化也为这种逐利权从部分社会成员被承认到一定范围内全体社会成员被平等承认的转换提供了解释和引导。从社会内部来看，进入工业时代后掌握核心生产资源的人不一定是奴隶主、封建主那样的土地所有者，不全然固定于某一法定世袭阶层（暂时撇开教育程度、信仰、财富等因素以及代际承继不谈），这使得社会逐利主导权落入了以掌握先进技术为代表的各类生产者手中。大量工业部门的涌现，社会分工的细密，人们需求的多元化，生产关系开始摆脱土地依附，社会逐利途径相比于奴隶、封建社会大幅增多。剥削阶级的人员组成更加复杂，流动性也更强。与奴隶、封建社会只承认部分社会成员的逐利权相比，资本主义在道德上获得了逐利平权的中性形式。在社会生产中，掌握分配主导权的已经由原先的土地所有者多元化为资本、劳动力、知识产权等生产要素的所有者。因此，资本主义在初次分配上更加注重要素贡献的效率。

总体上，封建主和奴隶主个体欲望膨胀所形成的恶，在释放上要受到土地、疆域的限制；而资本主义中个体的恶却被技术和产品放大，冲破了空间限制，甚至祸害全球。资本主义带来的科技进步，不一定用于善的目的；或貌似善的目的背后可能是（追逐）利益最大化的算计。不少科技发明出于军事征服和暴利谋取，如电子计算机、互联网、核技术、某些毒品等。此外，为了刺激消费，追求利润，本不需要的多余产品被制造出来，形成污染和浪费。资本主义所倡导的人人平等，是对奴隶、封建社会部分逐利之恶的纠正，它使得一定社会范围内人们的欲望也平等地爆发起来，没有做到对欲望的约束，因此尚不是善。对个体逐利的倡导，任凭个体欲望自由发展，令人际之间因欲望膨胀和碰撞而形成恶的博弈。因此，如果没有社会道德的发展和积累，由于体力、智力、能力以及社会关系的差异，人间难免形成弱肉强食的丛林。社会分工、分配的主导权合法地落入一部分人的手中，形成了事实上的逐利途径壁垒和分配结果上的不公允。

社会主义的逐利方式是在承认个体逐利欲望的基础上，将某国社会作为一个整体，代表并包含每一社会成员个体开展群体逐利。社会主义思想自诞生以来就伴生出了与资本主义思想的争论，以及由此派生的私有化与国有化，市场经济与计划经济等一系列争论。

近代以来，西方倡导个人逐利的资本主义生产方式脱颖而出，一下子就吸引了尚处于奴隶、封建社会的非西方世界的目光，引得各国纷纷效仿。甚至有人认为这是人类最终的社会制度，成为"历史的终结[①]"。但从人类道德的历史发展逻辑看，这远不是"终结"——人类道德的最终状态。

资本主义只承认个体逐利的自由和权力，将逐利行为交给市场，任由市场进行选择，因此也任由个体欲望膨胀形成大恶、小恶之间的互相倾轧，同时更加剧了原本的善恶冲突。恶之间的冲突、兼并，否定不了恶本身，也产生不了善。在人口密度越来越高的情形下，个体欲望更容易越过必要的分寸而形成恶。个体欲望在高人口密度和高生产力水平的条件下形成更多相互碰撞并产生巨大破坏之时，才能更容易地让人们意识到遏制它的必要性，社会才会更多

---

① 　西方政治学流行观点，认为当代西方的政治制度是人类社会的终极形态。

地借助高一级的整体逐利行为去否定个体的恶并引导个体欲望，届时社会主义观念才会被更广泛的人群接受。西方国家由于人口可以不断向殖民地输出，社会矛盾不断对外转嫁，这个认识要来得迟一些。人口密度增加是原始社会解体的主要原因，也为资本主义取代奴隶、封建社会开辟了道路，其也必将推动社会主义的全面到来。

本书看来，资本主义制度是人类社会"恶的历史"的终结，是人类社会恶——对个体欲望释放的最大化形态。人类社会不会简单地终结在这个阶段，这不符合人类社会人口密度不断增大与民族不断融合的历史趋势。人类其后的发展要实现人类整体欲望最大满足状态。因此，当前两种制度间的争论不会永远持续下去，不会贯穿人类社会的始终，必有一个新的理论去统摄二者，形成逻辑上的辩证上升。所有这些争论正反双方的边界在于欲望——即群体欲望和个体欲望的边界。某些逐利行为适合个体开展，而某些逐利行为，特别是那些超越个人能力、超过个人寿命存续时间的逐利行为或者个体嫌恶但对整体有利的行为，须以整体逐利的形式开展，方可为社会和自然及其可持续发展带来最大化福祉。

个体欲望的驱动是社会发展生生不息的源泉，这在任何社会形态中都普遍、鲜活地存在。资本主义为人类总体道德产生巨大进步进行了铺垫，做了从不道德向道德中性的过渡，为后续社会主义和共产主义的全面发展创造了先决条件——基于个体平等的逐利不仅为资本主义发展提供了全部动力，其也将延续到社会主义和共产主义，成为后两者社会发展的核心动力之一。社会主义取代资本主义后首先遇到的问题是个体欲望过度膨胀而产生的恶，但对恶的否定不能连同它的种子——普遍存在的欲望一并否定。这如同驾驭马车防止烈马桀骜不驯造成车毁人亡，但又不能使车轮失去滚滚向前的动力。欲望在其没有跨越公允线之前都是合理的。

社会主义只有通过对个体之恶的斗争获得对资本主义（政府外部个人及社会集团欲望的不当膨胀）和本身腐败（政府内部个人及小集团欲望的不当膨胀）的胜利，才能真正实现整体逐利。这个过程是渐进的，不是一夜之间通过革命就能确立的。社会主义政权的建立只是对个体之恶斗争的开始，而不是对其斗争的结束。该过程甚至要贯穿整个社会主义发展阶段，因为个体欲望总要存在和拉动社会发展。有效地通过社会主义改造对前序社会中过度膨胀的个体欲望开展遏制，并将这个遏制保持在新的社会形态中，形成对恶的持续否定，即使这只是处于社会主义起始阶段，但也是完全意义上的道德进步。

迄今为止，关系到生产力水平提高的重大发明创造多出自个人原发的逐利欲望，且尚未有衰减迹象。资本主义和社会主义并存的长期性在于个体逐利作为社会主要前进动力的长期性。只有社会整体逐利所产生的生产力领先于个体逐利所产生的生产力，社会主义才能扭转性地取代资本主义。目前的社会主义主要在原本生产力落后的国家建立，即使建立了相对公允的分配制度，但如果生产力跟不上，可供分配的社会财富总量少，则不易体现出其优越性。因此这个扭转和超越过程将会曲折而漫长。无论姓社姓资，生产关系首先要服务于物质生产力对人们物质欲望的满足。社会主义若要完全取代资本主义，须首先在生产上比资本主义更能满足人们的合理物质欲望。资本主义中的个体欲望，在得到最大能量释放并展现其最大破坏力之前，不会甘心让位于社会主义。

由此，社会主义至少存在三个潜在地返回资本主义"回炉补课"的危险——一个是忽视个体欲望对社会生产的普遍推动作用，导致生产力落后；再者是被政府之外的个体之恶所击败；第三是在自身政府内部没有战胜个体不当欲望而形成腐败。社会主义在为社会提供利益总量最大化的同时，须在分配上遏制个体的恶。善恶是分寸的产物，这就需要执政者们掌握遏制、驾驭欲望的分寸。欲望对权力的诱惑是巨大的。如果个人欲望不被包装成国家意志，国家不沦为个体逐利的工具，则需要社会主义执政者跨越一定的道德门槛，这是实现社会主义整体逐利的道德条件。社会主义的执政者们倘若没有预料到全社会特别是自身人性和欲望的凶险，如洪水猛兽一般，又怎能掌握得住执政的分寸呢？因此，只有经过全社会个体欲望充分驱动、历练后，社会主义才能更好、更高水平地驾驭个体欲望以获得最终发展。

在资本主义和社会主义、共产主义的竞争中，前者有个天然而强大的盟友——个体欲望；而后者身后有两个带有物质运动属性的历史必然性——人口密度增大与民族融合作为支撑，其中：民族融合是形成彻底逐利平权在体质人类学上的必要条件。欲望，每个人生而有之；而两个历史必然性在个体层面得到认识以及在群体层面达成各社会内部乃至全人类的共识则均需要一个过程，乃至一个漫长的历史过程。

社会主义要解决资本主义遗留的德不配（约束欲望之）位的问题，即要在承认欲望的基础上对本国国内个体相互碰撞的欲望开展约束，分领域地以整体逐利遏制个体欲望过度膨胀所产生的恶。做到这一点的关键在于要区别以往那种单纯地约束与遏制，要创造性地将欲望的巨大能量引导到社会财富增量的创造上来，激励个体生产积极性，避免平均的恶。因此，社会主义要做到个体逐利与社会整体逐利兼而有之，有所甄别，发挥二者相结合的优势，以形成增量分配中的效率，存量分配中的公平，提升社会对内道德的进步。同时社会主义国家作为国际社会的一员，要促进国家间的分配公允，以构建良好的对外道德。

共产主义社会，则打破国界的樊篱，将全人类作为一个整体，统筹实施解放和发展，使自然环境和人类整体福祉最大化。诚然，共产主义社会也同样无法脱离个体及人群逐利欲望而存在，因此也要在全人类范围内对部分个人、民族、国家和文明对外欲望的过度膨胀之恶做出遏制和否定，实现人类整体道德进步。社会主义和共产主义的文化不仅要对整体逐利方式开展解释，而且要有目的、有意识地对这种逐利方式进行引导，甚至要上升到某种文化理论指导之下，使人类对自身文化的认识和实践进入自由王国。

三、从逐利角度对社会形态的再划分

我们从逐利角度，也是从对欲望约束、引导角度重新划分一下人类历史的四个社会形态：

原始整体逐利社会，即原始社会。部落全体成员作为一个整体开展逐利活动，满足全体社会成员的生存欲望，生产出的增量财富按需近似平均分配，但同时也产生了最初的食人、杀戮等不道德。

部分逐利社会是以奴隶制或封建制建成为完全确立标志。所谓"部分"指社会只承认一部分人的逐利权力，而否定另一部分人的逐利权力，生产出的财富并没有按公允比例分配给它的实际贡献者，两部分社会成员的逐利欲被不均等地约束，产生了分配的不道德。原始社会道德是禁不住对优生认识的深入、农牧劳动中凸显的男女体力差异、人口密度增加、民族融合、生产发展必然经历的阶段和社会分工等诸多因素考验的。后续社会的不道德是对原始道德

状态的扬弃。不经历这个阶段，人类便无法发展到高人口密度、民族大融合以及高生产技术条件下的道德进步状态。

个体逐利社会开始建立是以宣扬个人逐利权力平等的资产阶级获得国家政权为标志，即社会从法律意义上承认其每个成员的平等逐利权。完全建成的标志是社会内部全体成员，无论民族、种族、种姓、宗教信仰、出身门第而完全获得平等逐利权力之时，这也构成了个体逐利社会从部分逐利的不道德向平等逐利的道德中性跨越的门槛。在一个民族内部实现平等逐利要易于在民族、种族、种姓、宗教之间实现平等逐利。中、印、地中海诸文明为此做了不同的准备。截至目前，西方资本主义国家尚没有一个建成完全意义上的个体逐利社会，甚至有些国家还有倒退回奴隶社会的趋势。这样的资本主义只是处于从部分逐利社会到个体逐利社会过渡中的一个混合形态。一些资本主义国家在没有解决好民族、宗教平（等逐利）权的情况下就进入了社会主义，这就成了"回炉补课"的第四个隐患。社会主义的建设者们须将此作为首要任务之一，为他们的前序社会补齐这个道德短板。

整体逐利社会，即社会主义社会和共产主义社会。其完全建立的标志是社会主义政权建立后真正开始实施整体逐利之时。此时，整体逐利的社会观念已经以某种形式确立，并开始实施，对政府内、外个体的恶形成了有效遏制。这个道德进步虽然需要一定门槛，且对欲望尚需认识上和驾驭能力上的探索，但只要开始，并彻底避免了"回炉补课"的危险，即标志着完全建立——因为整体逐利社会并不会否定个体欲望的合理性；个体逐利和整体逐利的矛盾运动也将贯穿整体逐利社会的始终。基于人类道德进步的渐进性，以逐利划分社会形态相对于以生产资料所有制为依据的唯物史观对社会形态的划分要来得平滑、渐进。一夜之间的所有制改变并不能立即改变前一个社会形态遗留下来的道德意识。个体逐利社会和整体逐利社会的完全建立是以道德门槛为依据，而不是以夺权、立法和改造任务完成为依据。因此，从唯物史观的角度看待逐利社会的历史进程则会出现资本主义社会向奴隶社会倒退的反复，以及社会主义社会向资本主义社会倒退的反复。

在整体逐利社会的社会主义阶段，社会整体作为每个社会成员的代表，统一开展逐利，并形成个体逐利行为和整体逐利行为的辩证统一。人们将着手统筹、有序地消灭社会分配的不合理和不平等，开始形成民族大融合。即使不发生体质人类学意义上的民族融合，也会出现经济学分配含义上不分彼此的融合。相比于个体逐利社会，整体逐利社会的增量分配和存量分配将更加公允，以促进社会整体道德的进步。

在整体逐利社会的共产主义阶段，是将上述社会主义国家内部的道德实践扩展到全人类范围。全体人类将作为一个逐利整体，实现体质人类学意义上的民族大融合。人类社会分配的不公允和不道德将被铲除，社会对内、对外道德将形成统一，达到人类道德的最高状态。

第五章　三大文明类型的文化定义的
社会预分配制度是对部分逐利
社会分配不均的解释

预分配制度，决定了人们生产动机，控制了实现逐利欲望的源头，是初次分配和再次分配等社会诸多分配活动的根源。预分配是在生产之前便决定了产出后的分配方案，并根据社会主流共识对分配结果进行解释。它分配的不仅是生产结果的现实利益更是代表生产活动本身的逐利机会。预分配制度是经济学意义上一个社会道德体系的根基。人们在从事生产活动之前就知晓了自己所处的阶层参与生产后大致经验性的分配结果。

一个民族、国家或文明在相对孤立的状态下，即在能够确保其内部绝大多数社会成员个人欲望基本不受外部社会影响、诱惑的情形下，其社会分配制度是其文化所定义的核心内容之一。分配关系是经济学或政治经济学意义上人际关系的基础，它寄于血缘关系和生产关系等诸多社会关系之中。在开放国际交流的情况下，一个国家的社会分配制度要受到其他国家，特别是生产力较为先进国家文化的影响。

文化的形成是对原始社会道德的一次群体主观意识上的扬弃，它伴随着原始整体逐利社会向部分逐利社会的过渡。中、印、地中海诸文化的诞生与分型处于相互影响不大的孤立原生状态之中。各文化须对社会刚刚出现的分配不平等给予解释。随着不平等分配的制度化，道德体系及其所代表的文化也逐步定型，并服务于农牧业生产阶段的社会分工和逐利方式。

人类社会经历了生产力低下且十分漫长的部分逐利社会，形成了千年积习。因此即使进入现代社会三百余年后，这种在部分逐利社会初期便业已确立的原则并长期固化的文化形态也会在今后一个历史时期内持续沉淀并滞后于生产力的变革，除非人们有意识地对文化开展改革以加快它的改变。

第一节　原始宗教的分化与成熟

无论哪个古代社会，最早被人们共同想象的神祇是太阳、火、风雨、雷电、猛兽等朴素自然力量的代表，这也反映了各原始人群从自然获取可供发展延续的生存资料时所共同面对的根本问题。在这个朴素的宗教阶段，祭司所祈求的是全部落的丰产和延续，若真有神灵的存在，其回馈也是给全部落的；祭司也可能不是专职的，平时参与劳动，没有特权，也没有额外分配的财物；即使有，也只是代表全部落献祭。因此原始宗教全然地服务于原始部落内部相对公允的分配，同时也为对外战争提供精神支撑。随着原始社会分工的成熟，诸神的演化也体现出职业分化、权力等级化等神明之间的社会关系形态变化，如古希腊混沌、提坦、奥林匹斯三代神族的更替。社会分工成熟导致了私有制的确立，此时原始社会已经走上了穷途末路，众神也迎来了黄昏。原始社会晚期的重要社会分工之一是产生了专职祭司，形成祭司阶层，成为最早的脑力劳动者之一，也最终发展成为一个不从事生产但参与社会物质资料分配的人群，或与世俗贵族合而为一成为一个独立的政治力量。

在人们跨入部分逐利社会时期，原始宗教一旦形成对社会内部逐利和分配不平等的解释，其也就脱离了原始朴素形态而进入成熟形态。中、印、地中海三个文明类型最早出现的成熟宗教形态分别是：犹太教、婆罗门教和道家（后演化为道教）。其创建者也分别代表了部分逐利社会中被统治阶级、统治阶级和统治阶级利益的诠释者。在古埃及为奴的以色列人根据自身民族被压迫的遭遇创建了犹太教。虽然其古文明夭折了，但不屈的精神却激励了后续犹太人、基督徒和新教徒在逆境中传教、殉道、反抗和开展宗教斗争。入侵印度的雅利安人根据自身民族的统治需要创建了婆罗门教，并一直通过该宗教手段保持着剥削其他民族的地位。老子著的《道德经》是中华文明道德发展的里程碑之一。其所创立的道家思想以及后续形成的道教虽然没有成为社会预分配制度的核心，没有最终成为中华文化主流显态，但却以"出世""无为""退一步海阔天空"等思想基本充当了历代社会主流分配制度所倡导礼教的维护者、诠释者，所引发社会矛盾的调和者。

在神学上，宗教成熟的标志是神灵的哲学实体化、抽象化，使其具备了终极性、形而上学性等超越性质。哲学实体化后，神灵被抽提出更一般的特征，在不同神学家的解释下，能够适应更广泛的人群诉求，因此能令其在与原始宗教具像之神的竞争中胜出。其中犹太教的神——上帝已经摆脱了古代近东、中东地区巴力神、古埃及诸神的具体形象，成为无形、不可见，时刻深入人的内心，无处不在，洞察一切的神。婆罗门教的诸神均出自"梵"。信徒们的宗教理想是追求"梵我合一"。佛教中，佛存在的形式有报身、应身和法身三种，其中法身为真身，代表佛的最高存在形式——佛的道理。道教的"天"至少在《道德经》中就已经成熟，并由庄子详细阐述为"天人合一"。但抽象"天"的概念在更早的《周易》《尚书》中就已经存在，并被诸子百家广泛诠释。

　　犹太和雅利安两个民族原生的犹太教、婆罗门教以及华夏民族的宗法制度最符合当时各自社会的人口密度、民族融合性、生产力水平以及社会内部分工实际，因此也最切合自身的道德实际水平。三者的定型是三个民族道德体系开始发展完善（除前文论及的国家建立外）的另一个主要标识。

　　随着时间推移，各民族陆续脱离了原始社会。依据自然地理条件，人口密度稀少或与其他民族交流碰撞较少的民族，迈入部分逐利社会较晚。在民族交流比较频繁的欧亚大陆，一个民族稍后迈入部分逐利社会之时，已经无须自发产生成熟宗教去对社会分配结果开展解释了，要么全盘照搬，例如：克洛维代表日耳曼人皈依基督教（天主教），甚至基辅罗斯的弗拉基米尔大公能够在各教之间权衡比较后选择皈依基督教（东正教）；要么可以结合其他成熟宗教形式创建符合民族自身特色的宗教，又如：松赞干布为吐蕃王朝引入佛教，后经寂护、莲花生改造创建了藏传佛教。无论是全盘照搬还是改造创教，往往是根据自身民族统一需要以及周边政治形势迅速建立信仰体系，以便开展宗教和政治上的竞争，获得立足之地。多个具有世界影响力的宗教就是在与现有宗教和政治势力的竞争时被创立，例如：基督教是为解决犹太教无法在外邦人中传教而创立；基督教分裂为天主教和东正教则出于东、西罗马帝国分裂后多年的政治摩擦而分治；基督新教则基于反对罗马教廷腐败以及日耳曼诸民族寻求政治独立而要求的改革；佛教则出于反抗婆罗门教种姓制度提倡众生平等而产生。

如此一来，一方面部分宗教的产生并不是出于对当时社会分配不平等的解释；另一方面一些民族接受的外来宗教，也并不一定适合调节自身社会分配不平等的实际情况。因此，改造创教和整体皈依不如原生创教那般准确反映一个民族道德体系完善程度以及道德实际水平，因此这些情形只能作为一个民族道德体系演进的辅助标识。诚然，一个民族越早接受成熟宗教，越是在原始形态接受，外来宗教对道德体系完善的推动作用就越强，但却不是最具决定性的力量。

第二节　亚伯拉罕式的一神教——
民族矛盾不调和的产物

这里我们将单一信仰的民族看作同一道德主体，例如：犹太人；同时也将有共同信仰的诸民族看作同一道德主体，例如：信仰东正教的斯拉夫诸民族，以探索宗教信仰指导下的群体道德。

犹太教是摩西所创，当时他和他的族人正在埃及之地为奴。亚伯拉罕的故事是摩西对历史的追述。他创立的犹太教代表了犹太人渴望获得自己的土地，摆脱法老奴役的趋利避害诉求。此时古埃及已经到了新王国时期，其宗教祭祀体系已经非常完善。宫廷中长大的摩西在创建犹太教时已经基本可以摆脱原始宗教的形态了。

犹太教的主要创教故事围绕亚伯拉罕一人在地处亚非交通要冲——现今伊拉克、叙利亚、约旦、以色列、黎巴嫩、埃及，辗转于各民族之间谋求立足之地展开。古代中近东的各类宗教中，古埃及是具有代表性的，其崇拜对象有九柱神等系列神祇，各司其职，各有管辖范围。祭祀祂们分别也有不同的场所和仪式，并且由一个祭司阶层按照分工完成，即多神崇拜的宗教事务因祈求的愿望和主管的神灵不同而成了多人协作之事。

亚伯拉罕一个人的崇拜，最简单的办法是只崇拜一个全能神，让其管辖上述所有，以代替求拜各路神仙。亚伯拉罕之后以色列人的各族长、祭司、先知、士师、君王都以独自面对一神为叙事语境，圣经中也多次强调了个人与一神的直接交流。人们崇拜一个全能神，令他们省去了思考诸神之间的关系，也免去了族人中一部分崇拜甲神，另一部分崇拜乙神而造成的分裂。统一的一神崇拜最有利于团结族人形成凝聚力，在和其他民族交往、征战，特别是摆脱奴役寻求立足的过程中，能够形成较大凝聚力。

犹太人在成功摆脱奴役后，也强调了对其他民族的战胜和征服，强调了开拓自己领地（迦南）的意识。在获胜时，犹太教将其归因于人对神约法的遵守而得到的褒奖；失败时，则归因于人对神约法的违反而遭受的惩罚。犹太人的上帝战胜了其他宗教的神灵，以色列民族成为上帝唯一选民，这样既实施了民族自我的正激励，又产生了对其他民族的歧视感。这个观念成为亚伯拉罕五教文明使用教内、教外双重道德标准的信仰根源。

圣经旧约中多次提及以色列人崇拜其他神祇而被上帝惩罚的事情，这基本上否定了以色列民族改信其他宗教的可能；旧约中也多次告诫以色列人不要和异族、异教的女子行淫，也基本上否定了以色列民族在血缘上与其他民族融合的文化合理性。在巴别塔①的典故中，旧约也刻意描绘了人类分裂为语言各不相通的族群。圣经以亚当、诺亚为根，在人类繁衍谱系上强调了分化。诺亚的子孙分为闪、含、雅弗三系②，亚伯拉罕的妻妾各生出了以色列和阿拉伯民族。总之，圣经旧约一再强调了民族的分化以及信仰、语言、血缘的分割，但从没有强调过人类的融合与统一。

亚伯拉罕之妻撒拉所生之子以撒，之妾夏甲所生之子以实玛利均为两国之父③；以撒所生二子以扫和雅各也为两国之父。同时旧约也规定，这两国"这族必强于那族，将来大的要服侍小的④"。这体现了上帝的不同恩典和分配上的不同意志。在日后的宗教实践中，掌握信仰解释权的民族就有了一个族群在社会分配上优先于另一族群，即民族之间分配不平等的神学依据。

一神教因其信仰统一有利于在民族冲突、斗争频仍的地中海周边地区中保持民族完整性和战斗意志。犹太教又强调了本民族在神学上对其他民族的特殊拣选性（优越性），以及在生产分配中自身对其他民族开展剥削的合理性。因此在地理开放的地中海周边，犹太教的一神特色对其他多神教形成了教众组织上的优势，并逐步成为主流。圣经旧约是亚伯拉罕五个一神教共同信奉的经典，虽然版本、行文有所不同，但其基本精神均被各教所继承。地中海诸文明的历史被宗教冲突和仇杀所充斥，然而这世界上没有无缘无故的恨——对异教徒之恨起源于五教在创教期间教徒们所受到的迫害。

---

① 《圣经·旧约·创世纪》11章。
② 《圣经·旧约·创世纪》10章。
③ 《圣经·旧约·创世纪》21章。
④ 《圣经·旧约·创世纪》25章。

但冤有头债有主，如果把对异教徒的仇恨扩大化——泛指一切不信仰本宗教的人都要受到惩罚，皈依本教就相当于领取了对异教徒犯罪的流氓执照，觊觎他人土地和财富的不当欲望被穿上了圣衣——这就是人类道德的巨大退步了。

以色列（犹太）民族，在自己宗教的感召下，尽管颠沛流离，散落于世界各民族中，除了在中国开封的一支外，数千年来其他各支一直保持了自己的信仰独立性。与其他民族信奉宗教的不兼容性以及与其他民族的政治冲突时刻强化着犹太人卓而不群的民族感，自己的宗教成了他们内心的主要寄托。只有在中国这种非宗教性的社会环境中，不强调差异而强调和谐共处的气氛才让这种宗教棱角被时间磨平。

犹太教为后续的四个一神教确定了基本宗教范式，形成了地中海文明诸文化的"希伯来传统"，即唯一真神、人的命运被神决定、选民思想、人神立约、原罪说、共同的经典圣经旧约[①]。

亚伯拉罕五教及其众多支派的产生和存在是由于在地理开放的环境下，民族间不融合且无法相互同化的产物。五宗教确定的原则涵盖了生之道德、死之道德和分配道德。单就从社会分配角度看，其教义基本上服务于将民族内部矛盾对外输出，这构成了诸教徒对外道德的基础；民族内部人与人之间通过神立约，这是各教社会内部契约关系的根源。为应对人口密度增加而产生的社会内部矛盾，五教的信仰实践给予道德作为调和手段的范畴要少于中、印两个文明类型，因此不利于地中海文明诸民族道德体系的发展历练。

地中海文明建立的帝国往往是多民族的。在政权控制范围内，

---

① 王洋：《伦理结构、尊卑与社会生产》，中国经济出版社，2011年，第19-20页。

当权者会尊重居于统治地位的民族、宗教徒的逐利权，而看轻其他民族和宗教徒的逐利权，形成临时性的国家对内分配原则。统治者会封死大部分异族、异教徒的逐利途径，但也会给个别人甜头，以作为一种政治表演。五教教徒在宗教实践中没有给出调和与它教关系的有效方法，摆出的是剥削或独占式的利益划分关系。

第三节　地中海诸文明的社会内部分配制度

古代地中海文明类型诸帝国，多是由少数单一部落或民族由小到大逐步兴起，如古希腊诸城邦国家、古罗马、奥斯曼帝国、阿拉伯帝国、俄罗斯帝国等，通过军事征服其他部落、民族而逐步形成。在武力征服过程中，与被征服地区民族形成了这样的社会分配结构：征服者以及部分被其笼络的民族属于公民或者特权阶层，贵族在公民中产生，占据社会分配主导权。被征服者中对统治者激烈反抗，造成统治者巨大伤亡的民族则被流放或卖为奴隶，其生命、土地和财产被强行交予统治者发落。这些人加之帝国传统奴隶来源地贩卖而来的奴隶构成奴隶阶层。臣服、配合统治者的民族，通过非战争途径进入该国的其他民族，破产的公民以及赎身后的奴隶构成平民，属于社会分配的中间阶层。三个等级的劳动强度和分配多寡是预先基本确定的。在地中海类型诸文明的奴隶社会阶段，这样的社会结构是持续的，只不过三个等级占据的人口比例有所不同罢了。

这些位于欧洲东部、地中海、西亚等地的帝国，由于地理上处于交通要冲，民族融合基本上无法大规模进行，多会公认这套分配体系，也从文化上认可。某国分配体系的终结是伴随着旧政权被推翻和新的外族统治者到来周而复始。奴隶最好的逐利途径是赎身为平民，而平民成为贵族有着天然的民族、种族天花板。地理的开放性以及民族不融合使得奴隶来源不断，甚至地中海文明部分国家的奴隶制一直保留到十九世纪。在美国建立后的一段时间，西欧白人形成了公民阶层，拥有选举权；被贩卖到美洲的黑人构成奴隶阶层；谋生而来的亚洲人、拉美人等成了平民阶层。在种族多样化的西方国家，这种社会分配制度从古希腊、古罗马到美洲殖民地，道德上没有明显进步。

中世纪的西欧，由于地理位置如同深入大西洋内的半岛，外来民族的袭扰比地中海东部地区来得少。同时区域内河网密集，山丘、半岛、海湾、森林交错，天然地理界限支离破碎且明显，因此形成了众多规模相对较小，民族相对单一的国家，实行封建统治。东西方教会大分裂后，位于西欧的罗马公教会（天主教）因周围鲜有宗教竞争对手而很快形成了大一统教会，后凌驾于西欧各分散的政治势力之上，成了西欧各国社会分配的主导力量，甚至还参与殖民势力范围的划分。这些民族国家国内分配原则如作者前著，是按照一神教"距离上帝由近到远"的原则开展分配[1]，形成了教士阶层、贵族阶层和平民阶层三个分配等级[2]。东欧、西亚、北非地区，宗教多样，教派复杂，宗教间斗争激烈，因此这里的犹太教、基督教早期教派、东正教和伊斯兰教（除创教期外）教士阶层多要依附于政治势力并为其合法性服务。教士的社会地位和影响力无法与罗马教廷相提并论，但无论如何，他们总是在社会分配上占据

---

[1]　王洋：《伦理结构、尊卑与社会生产》，中国经济出版社，2011年，第28-29页。

[2]　王洋：《伦理结构、尊卑与社会生产》，中国经济出版社，2011年，第85页。

优势的。

在中世纪西欧内部的社会分配演化上，长子土地继承制度，采邑封地的世袭制度以及贵族内婚制度使得西欧封建贵族圈子更加封闭。平民除了通过立军功之外大多没有别的办法成为贵族。只有在天主教会建立自己的社会财富分配体系之后，平民才可以通过皈依教会，成为主教后具备与世俗贵族分庭抗礼的能力。教会为平民提供了一条逐利上升的途径。中世纪西欧一向存在着两套社会分配体系——世俗的和教会的。十六世纪后，教会分配体系才逐步被宗教改革、工业革命和对外殖民所瓦解。

十六世纪欧洲宗教改革带来的逐利平权是明显的。它打击了天主教的宗教神权，也在西北欧洲的新教国家内剥夺了教会的世俗分配特权[①]。它打破了教士阶层与非教士阶层在社会分配上的壁垒——人们之间的宗教身份因对教义的改革而变得无差异，从而也就顺理成章地铲除了以宗教身份为依据的社会分配差异，这其中也包括了世俗贵族的特权，实现了教徒内部有限的分配平等。在文化上，这种改革观念使得信奉新教的日耳曼人摆脱了罗马教廷的愚弄，形式上又回到了刚刚脱离不久的，自身比较适应的部落时期的平等。但这也恰恰为新兴资本主义生产方式中公民享有平等逐利权提供了神学依据，开启了新教国家向个体逐利社会道德中性阶段的过渡。

近代以来，工业革命使得西欧社会传统分工方式出现了颠覆性改变，社会逐利途径多元化起来。对外殖民，特别是海上对外冒险，使得人类产生了一种新的逐利形式——公司。公司制度的建立

---

① 王洋：《伦理结构、尊卑与社会生产》，中国经济出版社，2011年，第三章。

让有共同逐利目的的人，依据信用，共同承担风险，形成逐利新主体，这也深刻地改变了西欧乃至全人类的逐利方式。

第四节　印度教（婆罗门教）和佛教定义的社会内部分配制度

印度教是在地理比较封闭，各民族不融合的情况下，一个可以统治全社会的宗主民族的创造物。古代肤色较白的雅利安人征服印度后，本地肤色较黑的达罗毗荼人无处遁逃。此时雅利安人并没有采取屠杀清场的政策，而是通过种姓——一个基本以肤色为依据的民族、婚姻和职业隔离制度——将每个本土民族强制纳入其中加以控制。它是一种以神学为根据强制实施的社会分配规则。印度教经典《吠陀》中用教义规定了四个种姓——婆罗门、刹帝利、吠舍、首陀罗——是由原人普鲁沙的不同身体部位幻化而出。其中，从原人口中生出的婆罗门最为高贵，肤色较白，为较纯种的雅利安人，拥有社会分配和逐利上的优先权，多从事祭司、教师职业；刹帝利从原人胳膊生出，多为武士、官吏；吠舍从原人大腿生出，多为商人、手工业者。这两个种姓肤色由浅入深，雅利安血统由多到少。从原人脚生出的首陀罗，肤色较黑，基本没有雅利安血统，为本地达罗毗荼人的后代，多为仆从、奴隶，是被轻视、奴役、剥削的对象。此外，还有更加卑微的被排斥于种姓体系之外的贱民——达利特人，是"不可接触者"，不被允许参加印度教社会活动，多从事与死亡、血污有关的不洁职业。对个人来说，种姓是一种社会预分配制度。印度人生下来就带有种姓身份，人们从其肤色和姓氏——

这些几乎不能更改的生物学和家族特征——即可判定其主种姓和细分种姓等级。低种姓群体欣然接受了低贱职业和可怜的社会分配结果，而不会奢望去追求只有高种姓才能从事的优厚职业。严格的种姓隔离和反逆婚禁忌也断送了低种姓人群及其后代通过婚姻提高种姓等级的逐利途径。数千年来，种姓制度严格地为部分逐利社会服务，即使当今印度一夜之间在法律上废除了种姓制度，也只是名义上进入了个体逐利社会。改变这种文化上的预分配制度，一个普通印度人是无能为力的，这要么寄希望于婆罗门神职人员的自我改革，要么通过外力摧毁。

从《吠陀》时代至今，印度教创造的多神体系也为各民族的信仰提供了不同偶像。各民族之间有来往争斗，除"印巴分治"外，四大种姓之间总体上相安共处。种姓隔离是由民族不融合造成的，而未来一旦大规模实现了融合，种姓作为社会分配制度也就瓦解了。

低种姓人们的反抗也是明显的，产生了佛教等思想，并形成了政治实践。佛教的宗教范式直接来自婆罗门教，继承了前者的三相神、多神论、生死轮回人生观、善恶报业因果论等。佛教提倡众生平等，而且也并未像亚伯拉罕诸宗教那样采取非此即彼、不征服就逃亡的态度，而是更加包容，甚至将其反抗对象——婆罗门教的神祇也纳入了自己的神祇体系，从属于自己的主神之下。然而佛教最终没有在印度成为一种社会分配制度，只是对不平等分配制度的一种应激性反应。它传入中国内地、朝鲜、日本之后也只是儒家社会分配体系的一个辅助和补充。

只有在中国古代西藏，政教合一的藏传佛教才成为一种社会分配制度。掌握教义解释权的僧侣和农奴主，以佛教"六道轮回"、前世因果等思想来麻痹农奴接受被剥削的现状和社会分配结果。同时，也以人的修行程度高低来定义封建等级的高低和社会分配权力的大小。佛教教义将人按照修行程度分为：普通信徒、罗汉、菩萨、佛四个果位，神性逐级增加。藏传佛教大活佛，即高级僧侣，由果位高的神明转世，如佛、菩萨；小活佛，即低级僧侣，由果位低的神明转世，如天王、护法。寺庙供奉本尊神明的果位高低则决定了寺庙行政级别，僧侣和寺庙以此作为神学依据形成了上下级服从关系和土地分封关系。

第五节　宗教为社会分配提供依据的一般模式

作者前著书中提及了宗教文化为社会分配提供依据的一般模式为：对于一神教，以神作为定义人的出发点，根据距离其远近定义人际尊卑以开展预分配。犹太人因自认为是上帝选民，在社会分配中，据此厚自身而轻其他民族；古代天主教、东正教社会则依据距离神的远近，在分配上厚教士，轻普通信众，剥夺、蔑视异教徒。德意志宗教改革后，西欧天主教教士阶层被剥夺了信仰中介角色。任何信奉基督新教的信徒距离神的距离相等，均可直接面对上帝开展信仰活动，随之新教社会内部原教士阶层在分配上的特权被取消。

一神教的"一神"指的是一个哲学实体。基督教的圣父、圣子、圣灵"三位一体"教义是官方确立的。印度教中的"梵"是包含了梵天、毗湿奴和湿婆三相神和原人等多个位格的一个主体。因此，印度教虽然存在诸多神灵，但其定义人际关系和社会分配的依据方式与一神教类似，只不过不是以距离神的远近，而是通过同一人格神身体不同部位的洁净属性来做区分。

对于多神教，指的是多个神灵作为哲学主体。人们根据神之间的尊卑等级来确定信奉祂们的信徒之间的社会地位和分配多寡。古埃及以各神明的废立（如阿蒙、阿吞）——即神明之间神学地位的变化——来体现分别信奉祂们的社会利益集团之间的斗争态势和社会分配权的此消彼长。大乘佛教社会则是以人信仰修行的进阶程度来区分人的神性，从而确定社会分配原则。这里的人本身就是带有神性等级的哲学实体。

中华文明没有产生宗教型文化，宗教没有成为决定社会分配的核心方式。代替神的角色，为社会提供分配依据的是具体自然人。中国本土宗教是多神范式，且在众多神灵中选取了一个主神——"天"，而这个神灵也辅助君王来定义人的尊卑，从而确定社会分配依据。日本文化效仿了这一方式。

第六节　中国未产生宗教型文化的原因，
兼论民族融合

放眼世界，中国是为数不多的没有形成宗教型文化的文明。亚伯拉罕式的一神教是民族不调合的产物；种姓制度是征服者不允许民族融合，强制实施民族隔离的产物。古代中国至少在商周时期就初步实现了民族大融合，出现了兼容并蓄至今的主体民族。中国的宗教体系始终不占据社会主流的原因是没有这个必要——没有必要像印度文明和地中海文明那样对民族间奴役以及因民族差异产生的分配不平等进行解释。

　　中国统治者最早在上古帝颛顼时就通过绝地天通的原始宗教改革垄断了神权[①]，断绝了普通人与神交流的渠道，形成了政教合一。君王亲自祭祀"天""地"等高级神灵，同时垄断了占卜及其结果的解释权。此后世代王朝均按照官员等级祭祀相应等级的神祇，形成社会等级体系的一部分。正是因为世俗君主垄断了祭祀，被祭的最高崇拜对象"天"也就变得模糊起来——在认识论上被官方哲学描述为恍兮惚兮的神秘事物，形成谶纬之学，以便当政者能够假借祂的旨意，保留了进一步解释和主观量裁的余地，成为一种翻手为云，覆手为雨的政治手段。因此中国的"天"始终不是亚伯拉罕五教中那般具体的神。"天"也无法越过君王而明确地与全体社会成员订立出类似圣经中《摩西十诫》的明确约法。另外，中国文化的"天"是赋予人道德的实体[②]——即"天将降大任于斯人也"。天的"道德"包含在人性之中，是人类社会道德的决定者。"天"是不偏不倚、公正无私的，是惩罚无道昏君的最后屏障。人要遵循天的道德旨意形成天人感应，君王要"以德配天"。中国先秦的主要思想流派以及后续中国主流官方信仰对于"天"的理解是相通的，不矛盾的，因此也利于信仰的融合与统一。

　　亚伯拉罕诸教的神没有赋予人类道德的义务，否则就无法开展最后审判。日本文化中也有主神——天照大神。中日区别在于，中国的君王和"天"是分离的二者，"天"为哲学化实体；日本则把天照大神与世俗君主合一，神的话语无须祭司转译，直接是天皇的

---

　　① 王洋:《伦理结构、尊卑与社会生产》，中国经济出版社，2011年，第33-34页，注解59。

　　② 王洋:《伦理结构、尊卑与社会生产》，中国经济出版社，2011年，第39-42页。

旨意。

中国社会分配的核心依据是由宗教之外的世俗文化体系提供的，使得中国无法在世俗贵族外诞生一个固定的教士、祭司阶层。本土道教和外来宗教必须为此服务才能在中国生根。佛教传入中国内地后并没有成为国教，僧侣偏安于古刹，基本不主动干预政治。在元代和清代，即使喇嘛教成为国教，但远在青藏高原的喇嘛僧侣却无法对数千公里外的朝廷形成实时、实质影响。除古代藏区外，中国各教的神职人员不直接掌握社会分配权，教义也不用于指导社会分配。因此，虽然基督教和伊斯兰教在中国广有传播，但其教旨的原初活性远远不如在地中海文明及其他地区。中国的广大信众也不强调各教、各派的差异，更不在乎教徒和异教徒，选民和非选民等彼案性质的区别。信仰动机注重本世、重风俗传统，宗教情感尚世功，以至于多教能够合流。

除了上述信仰融合以及前文论及的共同治水需求和地理因素外，古代中国促进民族融合的举措至少还有以下几个：

首先，中国历代政治环境并不封死各民族在中国社会的逐利途径。个体层面上，中国历代汉人政府中有众多权高位重的其他民族官员；总体层面上，中国民众能够接受其他民族掌权，也不排斥皇帝的外来血统，只要政府开明贤德，如康乾盛世，社会也能普遍接受。少数民族征服者（除元朝外）只须承认儒家道统的原则即可长期入主中原。他们表面上是征服者，文化上却被反征服，客观上实现了民族融合。一旦融合了，原民族间矛盾便转化为民族内矛盾了。

其次是对少数民族政权的屠杀和征服，如蒙元、满清，人们基本不采取大规模对等报复，只不过在反抗、戡乱时互有伤亡。总体上，中国采取修筑长城等长期防御性政策，即使主动出击，也以反击、教训为主。只要对手臣服或逃逸，大多不再穷追咎处，否则冤冤相报，永无宁日。

　　体质人类学上，地中海文明诸民族不融合，印度文明诸民族不融合的首要原因是不鼓励，不赞成，乃至直接禁止对外通婚。圣经中多次警告以色列人与其他民族女子通婚的严重后果——子孙后代的犹太信仰被稀释甚至被抛弃；但圣经却歌颂了与其他民族通婚的犹太女性，最典型的是成为波斯王后的以斯帖。人类普遍进入父系社会后，女子外嫁就成了文化输出，女方所在民族的文化得到了扩散；而嫁入的夫家则是文化的输入方，就像一杯清水掺入了各种颜料。中国擅长用王公贵族女子和亲的方式同化其他民族，以保持民族、国家间的和平。妻子入主后，承担了婚育的重任，教育方式自然而然地倾向了自己娘家固有的文化，不仅影响了敌国未来的君王，而且将敌我政治斗争蒙上了家族亲情的面纱。

　　另一种民族融合的手段是语言文字统一。中世纪罗马教廷只使用拉丁语布道，并借此欺凌日耳曼人，某些宗教禁止使用其它语言作为神的启示语言，这些都阻止了民族融合。中国文字的统一就随同政治统一的方向一并发展——先秦诸国不规范的文字被秦朝李斯统一为小篆。虽然迄今为止，汉语的方言众多，发音差异较大，但文字是基本统一的。汉字始终是中华民族最牢固的凝聚内核之一。语言统一后，不断有外来民族融入中华民族并使用汉语，甚至或改或被赐随了汉姓以获得身份认同，这种移风易俗淡化了原本的民族差异。在充分交流的情况下，生产力发达民族的语言同化生产力不发达民族的语言——这至少表现为后者借用前者的词汇较多，甚至直接借用前者的字母和拼写方式。语言文字是道德、文化的载体。一种语言表达道德观念的词汇越丰富，越微妙则体现操该语言民族的道德体系越完善。外来民族使用了汉语，也就潜移默化地推进了群体道德意识的发展。道德水平较高的民族使用了道德水平较低民族的国际通用语言，也会被后者"野化"。

第七节　宗法制——中国社会分配制度的兴起

"天之下"的土地称为"天下"。天下的概念至少在尧舜禹时期就形成了，最早指的是区域概念，泛指当时人们心中的世界，即华夏部落联盟所在地域。那时天下为公，"公天下"的"公"即是以公权，以公共的方式治理天下。此时这个权利是华夏族内各部落联盟所承认和服从的。

由于需要共同治理黄河水患开展农业生产，君王个人借助"天下"的权威就能合法地获得全社会劳动资源的调动、征用能力。大禹治水的成功极大地树立了他的个人威望，这时他调用公共资源的基础是稳固统一的，且范围广泛，这为夏朝的世袭开辟了道路。他刚刚接手舜的禅让后，就以"行天之罚"的名义征讨三苗。此时"天"已经具有了人格属性，成了发动对外战争等调动各种社会公共资源的名义。

夏禹前后中国社会的治理从禅让制的"公天下"转化为世袭制的"家天下"，即"私天下"。此类变化在世界上其他原始文明晚期也通常发生，即氏族公共权力的个人世袭化，只不过中国人做得比较彻底罢了。这个行为是社会分配产生不道德的一个例证，是对原始道德的一次扬弃，也是被孔子等后人所诟病的从"大同"到"小康"的道德退步。

从五帝的谱系来看，从尧开始的禅让制也是在黄帝后裔内部进行的，依华夏部落的范围看属于内禅，属于广义的家内。尧舜禹依次禅让不过三代人而已，属中华历史长河中的一瞬。夏朝得天下是通过和平手段，是罕有的例子，而后中国朝代更迭基本通过暴力夺权，偶有禅让也属政治表演。

"私天下"是将"天下"也看作个人私有权的标的物。一般而言，私有制的标的物为具体生产资料和生活资料。而"私天下"的"天下"指的是政权范围所涉及的社会资源调动能力，以及社会劳动成果的分配权——即社会总的分配权——这个前文已经讨论的比所有权更加基础和直接的权力。"天下"不同于普通物品，不可交换（除非卖国求荣），不可处置废弃，但可转让。"天下"不会消失，只是其所有人更迭了。普通私有权和"私天下"的共同点是二者都须经社会成员承认。私有权是社会承认的逐利手段，即通过对具体标的物的占有，使之成为逐利工具，所满足的欲望也是具体的、有限的；但得天下者已经得到了终极的利——它包含了一个人在当时社会条件下逐到了所能涉及的全部概念范围之内的利——即"浦天之下莫非王土"。君王的个人欲望得到通常意义上的最大满足。

"私天下"的含义在古代中国是不断发展完善的。夏商两代通过不断开疆扩土，使"天下"的含义在空间上做了极大扩展，社会的主要矛盾是华夷之争。到了西周建立时，国土面积已经有了相当规模，这为周朝的分封奠定了基础。周王朝通过宗法制度把周王室成员中尽可能多的人员分封出去建立新的国家，通过分封以扩大周王朝的影响。

宗法制的核心是按照家庭内部的长幼、嫡庶分配国家的土地。

这个制度的关键在于"嫡庶之辨"和"按家庭内部原则开展分配"两方面。此时，"家天下"的含义有了更丰富内涵，不仅将天下看作家产，更是将家庭内部的管理原则确立为管理国家的原则。这是继上文民族间矛盾内化为民族内部矛盾之后，再进一步将民族内部矛盾内化为家庭内部矛盾。

随着土地分封出去的是该土地上活生生的劳动力，即"受民受疆土"。土地，连同此土地上的社会资源调动和征用能力，以及通过他人劳动获得财富的权利也一同分封了出去。土地是一种不被人创造出来的财富，是地质运动的结果，这里我们撇开摩天楼、地下室、人工岛等人为造地因素不谈。土地得之于自然，传之于后人，一个人和一个政权不会永远将土地"所有"，而只是临时占有。对土地的"所有"，本质上是对土地上当下和未来产出物的"所有"。从经济学角度看，宗法制分封出去的是土地上未来的劳动产出，分封是对未来劳动果实的预分配。因此，宗法制以及与之配合的井田制本身就是一种社会生产的预分配制度。

中国作为一个传统农业文明，其土地所有制是社会分配制度的核心。夏商的土地制度虽然有了分封制的苗头，但主要还是以各族为单位的土地公有制，并以集体耕作为主。配合以之后的宗法制和井田制，即分出各级公田和私田，本质上是国家财政、诸侯地方财政和劳动者个人在总收入分配中的预定比例。西周时期貌似土地是国有的，但国有只是国君一人占有的一种表述。这种一人占有天下的观念，名义上伴随了整个中国古代社会。它授予了国君干涉普通人对具体财物私人占有的特权，因此中国古代普通个人私有权因时常被干涉而变得不完整。

由于分封和宗法制度的实施，周朝社会出现了多层隶属的等级制度。此前夏商时期由于氏族制度的广泛残留，该制度尚未系统化。这些隶属制度的核心依然是对劳动产品的贡纳关系和分配多寡的预设定。多层等级制度是宗法制业已确立的社会原则，并没有随着周朝的灭亡而灭亡，而后的封建社会分配制度，例如：九品中正制等，继承了它按等级分配的核心原则。

周朝的分封制和宗法制有相应的"周礼"，如"孝""德"等伦理观念去配合这种分配原则。这些观念成了后来儒家思想乃至中华文化的精髓，被历代儒家学者继承和发展，并服务于其后数千年的封建社会。孔子斥责对周礼的破坏是"礼崩乐坏"；儒家仁学思想的核心也是"克（制自）己（恢）复（周）礼"。周礼传承下来的中华文化与道德的核心是对长幼有别，尊卑有序分配制度的解释。这被后人概括为"三纲"，即国家（君为臣纲）、家庭（父为子纲）和婚姻（夫为妻纲）三种被封建政权维护的处事原则，其核心是这三类人之间的分配原则。

中国封建社会的分配制度是在一个民族大融合的背景下，社会根据距离一个具体自然人（即君王、奴隶主、封建主、士大夫、乡绅等一切具有社会分配权的人）的远近，按照宗法制度确立的亲疏、嫡庶等原则开展不均衡分配，且分配结果也相当悬殊的制度体系。但这种分配制度并不封死其他人的逐利途径。封建制兴起后，人们只要努力便可通过个人等级提升以获得更多社会分配成果。夏、商、西周时期，中国采取"世卿世禄制"，贵族身份世袭，社会分配按血缘开展，排除了普通民众的逐利上升途径。战国时，各诸侯国逐步引入军功爵制，普通人可以通过英勇战斗获得爵位，以得到相应丰厚的物质回报。此外春秋战国时期也有"客卿""门客"制度，允许外国人来朝做官，人们也可以通过充当门客依附于权贵，摆脱繁重的农业劳动。到了汉朝，朝廷则采用了察举制与征辟制，通过举荐和应征，给人以做官机会。隋唐及以后的中国则采取科举制从民间选拔人才，普通人可以通过读书、赶考做官逐利。可以看到，中国古代社会的逐利途径在和平时期越来越向普通民众开放。总之，中国人可以通过改变出身、参加科举、投靠，以及非常规情况下造反等手段开展逐利。即使刘邦、朱元璋这等市井无赖和乞丐夺得天下，世人也不会对其产生歧视。

第八节　各文明对预分配制度的接受程度，兼论社会存量分配

预分配制度作为一种显性或潜在的文化制度，可以影响到谁、哪些人、哪类人有权拥有生产过程中的初次分配权以及后续的再分配权[①]，也决定了谁是生产资料的所有者。作为文化四要件[②]之一，即文化定义的人际关系的核心——经济关系，原始社会末期形成的各大文明类型的文化对此进行了系统解释，即什么决定了你的命运？[③]特别是在社会分配领域基于分配结果的命运——是神决定还是人决定？如何决定的？为什么要接受命运？由此形成了接受此文化影响的全体社会成员的共同观念和意识，承认、认可这种预分配体系所带来的分配不均。普通人须接受文化体系对分配结果的暗示和预示，无论自愿还是被迫，但不遵守是会付出代价的。文化形成

---

① 王洋：《伦理结构、尊卑与社会生产》，中国经济出版社，2011年，第81页。
② 王洋：《伦理结构、尊卑与社会生产》，中国经济出版社，2011年，第45–46页。
③ 王洋：《伦理结构、尊卑与社会生产》，中国经济出版社，2011年，第1页。

的道德体系以及由此产生的人心目中的"礼（度）"和固化到器物层面的符号是对既定社会分工和分配格局的维护与认可。

给文化定型的大师们对一个文明的文化加以总结、解释并对后世产生指导，都发生在原始整体逐利社会向部分逐利社会的过渡时期，即这种不平等分配刚刚建立之时。例如：孔子学说是对商周时期形成的宗法制度的总结、解释以及对后世国人的指导；旧约圣经是摩西和以斯拉等人对犹太民族被奴役和自我寻求解放的历史总结以及对后世信奉亚伯拉罕一神教各民族的指导；《吠陀》的创作者和婆罗门祭司是对雅利安人建立不平等制度的总结、解释以及对印度各民族遵循种姓制度的指导。

在文化定义的预分配体系中，处于弱势的一方是否接受这种预分配制度及其解释呢？接受程度如何呢？人从出生到具备劳动能力参与生产活动之前都要被动接受这个分配制度。这期间，他维持生计的生存资料均是通过社会再分配获得的财富转移，即社会存量财富的分配。社会经过初次分配和再次分配后，最终形成社会分层。同一阶层内的人们接受的社会分配结果大致相同。人注定要出生于、成长于某个阶层，在其中度过漫长的童年和少年。

存量分配重公平才是公允的，才体现较高道德水平。一个普通人的先天经济条件在决定其一生社会分配地位的诸因素中所占比例越低，发挥作用越小，社会分配制度就越公允。

一个社会内部分配越是壁垒重重，阶层固化，且阶层分配结果越悬殊，则代表着对不同人群逐利欲的约束越不均等，其存量分配机制的道德水准就越低。固化的含义是阻断了相对贫穷者的致富通道——他们的逐利途径被斩断，即使努力也不得不固守贫穷。理想社会中也允许存在贫富差距，但这种差距是基于个人努力而产生的

117

奖励有益增量创造的机制，以促进社会的发展效率。当人们因出身贫困而无法通过后天努力摆脱贫困，这个社会将失去发展活力。而一个文化所建立的道德体系，即社会意识对此分配不均产生天经地义的认可后，即使这个体系再发达完善，其道德水平也是低下的。

文化定义的分配观念，从历史进程看是先有民族、阶层、某教教徒等群体，如雅利安人、犹太祭司、夏商周贵族，他们夺取了分配权，形成了预分配体系后，再编制产生服务于这个既定分配格局的道德解释。而对于其后的个体之人而言，是先有文化留下来的分配格局形成的窠臼，人再去入模子，入模子后就决定了个体分配结果。大多数个体对此是无能力改变的。

宗教类型文化对社会分配的教义解释，使得社会中全体信徒欣然接受了这个神的安排。人们按照神学定义的方式去入模子，令某一类特定人群去充当特定的分配角色。宗教文明对社会分配结果和阶层固化的容忍度依据教义而定。其中，印度教教义稳定，阶层固化千百年少变，低种姓的人们世世代代甘心接受命运安排。地中海文明中，随着掌权者的宗教信仰不断变化，以民族、宗教为特征的社会各阶层分配情况也在不断转变。经历了宗教改革的新教徒内部对现有社会分配结果的接受度最低，对教内人人享有均等逐利权的认可度最大。这个伦理观念的外化，经形式上的广泛传播后，对人类产生了巨大影响，为全球个体逐利时代的到来拉开了序幕。

中国文化认为人是可朽的，至少人的寿命不像神那样无限。个人，无论是皇帝还是王侯将相所确定的社会分配体系是可被打破的，所以提出了"王侯将相宁有种乎"。在常规状态下，中国文化允许穷人以科举等方式提升自己的社会分配地位；在内战情况下，普通人也可以成为皇帝，而无论"成王败寇"的夺权方式。长幼有

别、尊卑有序的纲常伦理总围绕某一个具有社会分配权的自然人展
开，并在其所建立的社会分配体系内行使。但中国社会由于人事沉
浮，变动不居，因此中国文化也允许任何人打破、超越他人缔造的
社会分配体系而建立自己的社会分配体系，并在其中行使同样的伦
理规则，甚至与原伦理对象发生关系逆转也是被允许的。从社会分
配大格局看，汉代以来中国改朝换代基本不超过三百年。从家族和
个人分配小格局看，中国社会常有"富不过三代"之说。因此，中
国人对社会分配固化结果短期内容忍，长期内不容忍，容忍度居印
度教徒和新教徒之间。

第六章 开放社会中的生产分配

第一节 相对孤立与相对开放社会

当一个国家政治上层建筑和社会意识上层建筑能够确保其绝大多数国民个人欲望基本不受外部社会影响、诱惑，能够圈定国民的逐利途径及欲望的实现范围不向本国上层建筑服务的经济基础之外流动的时候，本书称其为相对孤立社会。即社会未必能遏制欲望的膨胀，但却可以圈定欲望实现的途径在本国（含海外属地、殖民地等政权管辖地）之内。

人类迎来开放社会是以西方人开展大航海为标志。在此之前，世界各个文明，普遍处于这样的孤立、半孤立状态，也多处于原始社会和部分逐利社会阶段。中、印、地中海诸文明之间的人们彼此并不确切知道对方的生活状况。来往的使节、商团、传教者构成了文明之间常规情况下的主要交流方式。大部分国家处于农牧产业阶段，生产力和普通人生活水平没有明显代际差异。战争是非常规的交流，无论是游牧民族对农耕文明的入侵还是殖民者对殖民地的入侵，其道德主体——入侵者是能够圈定本社会成员欲望的实现范围的。

　　大航海时代以来，世界各民族被西方的军舰和商船强制地联系到了一起。原先中、印、南北美、日本、澳洲、撒哈拉以南封闭、半封闭的国家或部落被彻底打开大门。西方主导的大工业的产业链触角开始伸向地球的各个角落。工业的生产方式开始取代农牧业的生产方式成为国际主流，个体逐利社会取代部分逐利社会的序幕在全球范围内拉开。人口密度不再完全基于土地生产的自然分布，而是逐步服务于新的工业产业链形态。

　　近现代以来，由于交流手段、信息渠道丰富了，不同国家的人们能够较容易地知晓彼此的生产、生活情况。工业文明在本国生产出了花样繁多商品的同时也在全世界范围内生产出了消费花样繁多商品的欲望，且越是原始的、本能的、易于观察的，如性欲、食物、舒适、奢华等越是产生无尽的诱惑。这是那些存在生产力代差的农牧业国所无法想象的。能够有效圈定自己国家国民欲望的只有两类：一类是闭关锁国，能够有效封锁消息渠道的落后国家；一类是生产力的领先者，如十九世纪的英国和二十世纪的美国。第一类的孤立是暂时的，而后者是"高处不胜寒"——自己是世界上最好的，最能满足那时人类可以想象得到的各类顶级欲望。

　　在孤立的单个社会中，生产力根据自身条件处于自我发展和进步的内生状态，其内部量变和质变的交替形成了社会发展阶段和生产力水平的矛盾运动，外来影响是有限的。生产力自身发展出了居于统治地位的生产关系，即经济基础，并与之形成社会内部对立统一，自我推进社会形态发展。社会生产关系所采取的可能性范围完全基于社会内部而非外来的生产力形态。孤立社会中的人们想象不出其他先进的生产关系，只能自身探索对生产力的适应性和弹性，从而引发适应或者阻碍生产发展的结果和自我社会变革。同样，孤立社会的政治上层建筑也必须以本社会生产关系为基础、为前提，并在政治制度设计上体现并服务于自身现实生产关系的矛盾及其变化。政治制度的选择也基于本社会自身生产关系所限定的范畴之内，调和自身社会范畴之内的阶级矛盾。

整个人类社会也是孤立的，人类的欲望被圈定在地球村的范围之内。但与各民族、国家、文明所形成的孤立社会不同，全人类在生产力水平上很难形成一致，也就难以形成一致的经济基础和上层建筑。各文明在孤立状态下，科学技术导致的生产力差异从原发性看取决于其自身的世界观，即看待客观物质世界的哲学观念在上千年的时间内实现自我量变到质变的飞跃（世界观是作者前著论及的文化四要件之一，同时前著也对科学技术在西方产生的原因做了解释①）。从几代人的长期看，后来的非西方学习者须开展经年累月的全民理工科教育和对科学技术的培育、应用，才能完成本民族的世界观改造，进而能够自力更生地完成对先进生产力的追赶。从中短期看，科技水平提升关乎知识传播的速度和方式、政治和法律边界以及知识产权保护等。长短期三类因素交织在一起，造成人类各社会生产力水平现实差距较大，甚至还相当悬殊。因此，以生产技术交往为基础，从研究单个孤立社会得出的社会有机体矛盾运动的结论须审慎思考后才能推及整个人类社会。只有科学技术的传播速度总体快于发明创造速度，才能为人类生产力水平的统一提供先决条件。

---

① 王洋：《伦理结构、尊卑与社会生产》，中国经济出版社，2011年，第10、39、53、117–121页。

第二节　开放社会的生产力交流

近现代开放的国际环境中，不同社会之间的生产力水平存在初始代差，同时各社会之间也存在充分的信息交流。一旦社会开放了，生产力落后的社会中，人们的欲望必然要受到生产力先进一方的吸引，致使落后一方的社会有机体内原生产力与生产关系，经济基础与上层建筑的矛盾运动加入了外部因素和条件。此时，先进一方的生产力不仅能够影响本国的生产关系，也能影响（生产力）落后一方的国内生产关系；（生产力）先进一方的经济基础不仅能够影响本国上层建筑，也能够影响（生产力）落后一方的国内上层建筑。因此，那种以十九世纪英国等孤立社会为样本研究得出的结论运用到开放社会时就会遇到挑战。

我们假设 A、B 两国社会存在比较充分的交流。A 国生产力比较发达，率先实现了工业革命，进入了机器大工业时代；B 国生产力比较落后，尚处于农牧业为主的生产阶段。近代以来，类似情形在全世界较为常见，既存在于西方内部，如十九世纪和二十世纪初的西欧与东欧；也普遍存在于西方和非西方国家之间。本书讨论此类社会情形时，一般是以 A 国指代西方国家，或者西方内部较发达的西欧、北美诸国；B 国一般指西方中相对落后的东欧诸国或非西方国家。但本书不排除未来西方成为落后一方，以力争得出符合普遍情形的一般性结论。

B 国国民首先看到的两国差别是在生产力层面，即物质层面。A 国先进生产力在生产出某个先进产品的同时，也在 A、B 两国国民中生产出了具有同等效力的欲望。但A国的生产力只能首先满足A国国民欲望，无法直接满足B国国民欲望。此时，B国在生产力层面已经把此项欲望的管理权不自觉地拱手交出。例如：A国能够制造飞机，满足人们飞翔的欲望，但B国要想满足同样的国民欲望，要么自己造飞机，要么从A国购买。

一个国家或民族实现对先进国家生产力的追赶，本质上要综合运用上文提及的长短期手段。凭借全社会科学思维和世界观的养成来提高生产力，虽然这比直接购买或生产技术引进来得缓慢，但却更深入人心。科学世界观的普遍建立后才能摆脱科技创新的对外依赖而实现独立自主发展。

然而几代人的时间还是漫长——一些B国国民等不及自己国家的科技水平凭借自身进步达到能够满足自己欲望之时，就要迫不及待地要么直接购买A国产品，要么移民到A国，要么参与A国组织的生产活动，以获得一部分分配结果来满足欲望。这一部分人的欲望超出了自身生产能力，属"奢望"。由此，他们也就脱离了本国的生产关系，参与到了A国的生产分配过程之中，在B国的生产者中造成了欲望实现途径的分裂，从而也造成了生产技术交往层面的分裂。一部分自主开展生产力提升的社会成员自主掌握了生产分工，这个分工的源头在国内；而另一部分借助外部实现欲望满足的社会成员则参与了A国主导的国际生产分工（包括生产、分配、交换、消费等），这个分工的源头在国外。由于生产技术交往的物质性和基础性，当参与国外组织的生产活动的人员达到一定数量形成质变，继而又造成了B国生产关系（即：经济基础）的分裂和上层建筑的分裂。诚然，有些生产落后国家压根就因为人口稀少、产业结构简单等因素不需要，也无可能开展生产力水平的自主提高。

"科学技术是第一生产力"这句话的含义不仅仅是因为其推动了生产发展，更深层上则是因为科学技术是夺取复杂、开放生产条件下生产分工权力的关键。从社会总体层面，生产分工和生产预分配是同一的，其决定了分配结果，也导致了后续肥瘦不均的剥削和阶级之间的对立。生产分工是生产关系总和（亦即经济基础）的核心，是社会逐利途径搭建的基础，这是本书与传统经典理论中"所有制核心观"的重要区别之一。B国社会中产生了相当比例参与不同国家生产关系交往的人群，便会形成另一个经济基础，让B国内部产生了不同的政治和社会意识上层建筑之争，这一点我们将在后文讨论。

第三节　开放社会的生产关系

孤立社会生产关系的确立，只能在本国原发的生产力诸要素中所蕴含的可能性范围内选择。而在开放社会中，B国至少观察到了A国生产关系的外在形式，这为B国生产关系的选择提供了更大范围，增加了选择弹性。这其中有适合本国生产力的生产关系选项，有外来的适合更先进生产力的生产关系选项。同样，B国人也观察到了A国的政治上层建筑，受到该国政治思想观念的影响，在政治上层建筑的选择上也增加了可能性范围。无论是经济基础还是政治、社会意识上层建筑，B国都要受到生产力先进国家、文明的影响。归根到底，生产力落后一方要从现实生产技术交往、生产关系、上层建筑三个层面上思考如何提升生产力或以通过其他方式去满足自身在物质上被他国先进生产力所创造出的欲望。

　　孤立社会的生产关系是其内部物质生产过程中矛盾运动的结果，即社会内部对本社会成员创造的增量和存量财富形成占有关系的结果。分配公允与否的源头在社会内部，所形成的社会经济结构也是内部的，分配结果造成的剥削与对立也是社会内部的。

　　开放的社会中，一旦生产在国际间展开，按照生产流程和跨国生产组织的便利条件看，利益分配首先是在国与国之间开展，然后再在一国内部开展。生产分配及其公允的源头可能在国外，分配的不公与剥削存在于两个社会之间，虽然可能并不触及政治对抗，但至少造成了本国和国外生产者之间利益的对立。国际分工，决定了整个跨国生产关系中主要矛盾产生于国家之间，次要矛盾产生于一国之内。

第四节　比生产关系更加深刻的社会矛盾

　　经典政治理论将孤立社会内部在生产关系上的对立表述为一定历史阶段内阶级之间的对立，其斗争推动了阶级社会的发展。但无论如何，即使再为残酷，社会内部的剥削阶级是不会以消灭被剥削阶级为目的的，它总要以保留被剥削阶级中大多数人的生命为前提，从而持续无偿占有对方的劳动。因此一国内部虽然存在着残酷流血斗争，但不会造成占人口大多数的阶级灭亡，乃至整个国家和民族的灭亡。

　　对人或人群最大的剥削，不是无偿占有其劳动所得，不是对其开展财产剥夺，而是将其屠灭、驱逐以剥夺其生存空间以及今后参与本社会分配的可能。作为财富之母，土地（空间）是一切社会生产活动的前提，其之上附着了劳动力和各生产要素。不同民族之间、国家之间可能存在比其内部斗争更加深刻的矛盾——涉及生存空间之争的生死矛盾。分配上的剥削和不公允只不过涉及了价值分配道德而已，这远没有空间之争涉及的死之道德来得基础和根本。

因此，这又形成了"皮之不存毛将焉附"之"皮"——空间分配，这一人类社会分配的主要矛盾；之"毛"——生产分配，这一人类社会分配的相对次要矛盾。空间之争伴随了人类诞生后的各个历史时期，且随着人群间密度和人群内人口密度的普遍增大而愈演愈烈，不以人类是否进入阶级社会而转移。正因如此，在冷战等阶级和意识形态斗争退潮之后，宗教和种族的生存空间斗争就又浮出了水面。

亚伯拉罕一神教是民族不融合，民族间生存空间矛盾不调和的产物；婆罗门教是种姓民族之间不可融合，空间区域隔离的产物。因此，在地中海文明和印度文明地区，代表着社会分配关系的宗教矛盾因其空间性和民族性，要比该地区的阶级矛盾来得深刻。人类社会宗教矛盾持续的历史要长久于阶级社会。任何政权都要面对宗教矛盾，甚至多个时间、空间上交替存在过的政权要面临同一个宗教带来的社会问题。

任何国家的经济基础和上层建筑都要服务于国际间的空间之争，对外求得生存；也要调和国内各人群的空间之争，防止内部解体。一旦涉及开放社会，国际间的生产分工就要服务于这个更加深刻的矛盾。特别是那些屠杀输出量较大国家所发起的国际间生产分工，其生产目的往往不是单纯地攫取利润。

道德调节了比生产关系更加深刻的社会矛盾（如本节论及的空间分配和生死矛盾），自然也就脱离了其在传统政治理论中作为

"社会意识上层建筑之一"的概念范畴。综合前文所述，它也调节了人的自我生产，缔造了血缘的自然关系。它的进退步不与生产力进步的历史趋势相协调，而是与人口密度增加、民族融合、生产力发展等产生出的欲望膨胀和矛盾碰撞相协调。它直接调节了人们生产技术交往层面的关系，调节了比所有权更加基础的分配权。通过对个人道德的调节，可以改变个人从事生产活动的方式和目的；通过对群体道德的调节可以引导群体欲望，从而改变群体（社会）总的生产方式和目的。

第五节　开放社会的道德历史评价

按照对欲望合理均等地约束引导为善的原则，人类自有历史记录以来，迄今共经历了4次完整的道德进步，1次不完整的道德进步和3次道德退步。这些变化是人类历史进程的一部分，经历的时间相对漫长，涉及了生之道德、死之道德和分配道德，且互相交织、叠加在一起。其中：在开放社会来临之前，人类大体经历了1次完整的道德进步和2次道德退步。

第1次道德进步发生在原始社会时期。由于对优生的漫长试错以及对不良后果的总结，人们缩小了性欲（婚配）范围，家庭伦理开始形成，并在后续道德主体人群中产生了持续的优生共识和对性欲的约束。第1次道德退步是父（夫）权制和专偶婚的产生。男子在社会分配上夺取了女性的权益，出现了性别不平等，同时专偶制的产生使得一部分男子夺取了另一部分男子的婚配权。第2次道德退步发生在部分逐利社会的建立时期。社会只承认了奴隶主和封建主的逐利权，使得人类从原始社会进入了残酷的剥削社会。

开放社会到来之后，人类经历了3次完整的道德进步，1次不完整的道德进步和1次道德退步，且这次道德退步至少在形式上也被纠正了。

这次不完整的道德进步是个体逐利社会的建立。其在法律上尊重了全体社会成员的逐利权，一定程度上取消了社会成员欲望满足上的厚此薄彼。名义上允许每个人作为源头开展生产逐利，然而这导致了个人欲望膨胀，并没有产生对欲望的约束，因此不构成一次完整的道德进步，是不道德向道德中性的过渡。

总第2次道德进步是整体逐利社会的初步建立，即社会整体逐利部分地替代了个人逐利，对个体不当欲望形成的恶开展了否定，以实现社会整体利益的最大化。总第3次道德进步是因科技和生产方式上的进步弥补了男女生理差异，提高了妇女地位，约束了男性的主导之欲，最终导致男女开始享有平等的社会分配结果。总第4次道德进步涉及死之道德。因信息传播手段的提升，各国内部及国际间行为更容易地被众人观察到，从而震慑了部分人的屠杀之欲。一些国家取消了酷刑，实现了少杀、慎杀，种族灭绝和大屠杀也暂时得到了纠正。

总第3次道德退步是杀戮手段的现代化与信息传播效率落后的时间差内发生了更多屠杀灭绝事件。

总体上，3次道德退步中，两次是对社会成员欲望的实现上厚此薄彼的加深，一次是人群间及人群内对空间分配不公的加深。4次道德进步虽然都在后续道德主体中达成了对欲望约束的共识，但区别是，两次是对不当性欲的直接约束；一次是对个人欲望膨胀施加控制以求社会整体利益最大化；一次是对人群内或人群间空间分配的公允化。开放社会到来之后的几次道德进退步以及1次不完整的道德进步目前还在进行之中。其中整体逐利社会的建立以及男女平等在可预见的将来能够持续开展，目前已经取得一定实践成果，但尚未在全球范围内实现。个体逐利社会尚处于漫长的道德中性过渡期，有存在巨大反复的可能。涉及死之道德方面，人类目前依然有建立某单一种族和宗教世界的可能，尚有其他种族和宗教徒被灭绝而产生巨大道德退步的危险。死之道德的进退步更加曲折，将成为人类生存和灭亡的终极关切。

和古代相比，人类总体在体质上发生了很多融合，亦即民族之间发生了融合，然而其过程并不一定都是善行。不少融合是以暴力方式开展的，是一部分民族欲望不良爆发的结果，与人类生之道德和死之道德的进步方向背道而驰。因此本书虽然提倡民族融合，却并不把这个融合的结果作为人类道德进步的一部分，但不排除按文明类型分析，将它作为某些文明取得的道德成果。

大航海时代后，人们在参与西方主导的世界分工时，不自觉地接受了西方推行的国际分配模式。西方文明以自己的对外道德水准去制定全人类的空间和财富预分配方案并加以实践，这首次让世界不同地区的人们有了关于人类社会整体的观念。这个过程让封闭的地球村变成了一个巨大的、民族不融合、分工有肥瘦和壁垒、肤色语言各异的类似于印度种姓体系的国际社会。在西方对外道德普遍影响国家间分配的同时，西方新教徒的内部道德又普遍将个体逐利的社会形态推向了全世界，影响了几乎所有非西方、非基督教、非新教国家内部的社会生产关系和分配制度。

开放社会的到来，意味着人口自然密度分布被打破，个体逐利社会时代的序幕被拉开，人类生产方式开始摆脱农牧业进入全新阶段。人们的视野从本国转向了全球，西方自身的先进科技生产出了全世界人民的欲望。个体欲望范畴的扩大以及人口增加使得人类欲望的总量剧增。道德中性①的科学技术既同步生产出了对欲望约束的手段——善，也刺激了欲望的不当扩大——恶。以上述三次道德进步、一次不完整的道德进步以及一次道德退步为例——在生之道德方面，科技的善弥补了生殖和体力的性别差异，开启了性别平等时代；在死之道德方面，科技的善加强了信息传播，使暴行更容易暴露在阳光之下，科技的恶则使得屠杀效率大大提升且增加了隐蔽性；在分配道德方面，科技进步促进了社会内部分工多元化，弱化了人身依附产生的剥削，加快了人类社会从部分逐利社会向个体逐利社会和整体逐利社会的过渡。

孤立社会时期，各民族、国家和文明的道德体系遵循着各自相对独立的发展轨道。中、印、地中海文明以三种方式调和了各自人群从原始共同逐利社会到部分逐利社会过渡后人们欲望总和的增加，形成了不均等的约束。人类道德的演进是这样一个有机系统，随着不同生产阶段的跨越，各人群对内、对外形成新的、阶梯性急剧膨胀的欲望要受到更加先进、成熟的道德体系及更高道德水平的调和，并历史性地持续下去——生产再跨越，欲望再膨胀，道德再调和。开放社会的到来，人们还要继续发展道德体系去应对个体逐利社会所激发的欲望在全球范围内的恶性膨胀，因此建设具有国际竞争力的整体逐利社会制度成了人类总体道德发展的必然要求。

---

① 本书将人类总体科技进步定位于道德中性，但具体地，可对历来科技发明的善恶动机开展统计，并区分国别或文明类型，从而得出针对某一国家或文明类型科技活动的道德定性结论。资本主义社会中，一般以逐利为目的的发明创造，受欲望驱使很容易超越善的限度，形成恶的属性。先进科技被道德水平低下的国家掌握是人类的灾难。

当前，孤立时期形成的各文明道德体系，被先进的信息交流手段强制性地拉上了一个大舞台展现给世人，形成了对照。文明间的认识过程类似于人际间认识过程，即由表及里。因欲望的吸引，西方文明的道德外表也随着生产力的外表被非西方国家模仿。西方道德观念和尺度，夹带在其他文明通过西方实现逐利的过程中，对非西方文明的道德观念和尺度形成或积极或消极的影响——一方面不少落后的尚处于部落时代的野蛮民族接受了西方先进的一面，形成了积极的"文（明）化"作用；另一方面，中、印等道德体系发达、完善的古老文明被西方激发出了不当欲望而形成了"野化"作用。

第六节　资本的伦理属性

从来跨文明、跨国界的生产来看，社会财富首先在国家或文明之间分配，再者才是在国家或文明内部分配，这致使国际分工带来的矛盾比国内阶级矛盾更加深刻。因此，在开放的国际社会，一个生产者无论是生产组织还是个人，他首先在国际上有一个文明类型的、国家的属性，亦包含特定宗教的、民族的属性（本书称之为伦理属性，与作者前著中"处于尊卑中的生产者"的含义大致相同[①]）；再者，其在国内生产关系上有个阶级属性。这些属性决定了一个生产者在西方搭建的国际社会分配体系中的地位，以及在本国社会分配体系中的地位。

西方资本主义发明了公司这一集体性逐利组织形式，是具有道

---

① 王洋：《伦理结构、尊卑与社会生产》，中国经济出版社，2011年，第137页。

德属性的实体。它的控制者（一般是出资人或股东）的意志体现了这个组织的意志——这也是其作为资本存在的形式体现了资本的意志。公司出资人之间的利益预分配方案是其所从事生产、分配过程的源头，是其最初的逐利动机所在。这包括两方面：一个是生产过程本身产生的利润，一个是股权溢价转让出售后的收益。资本增值的欲望代表了其背后最终溯及的个人欲望。毕竟，资本作为商品或货币，是物的属性，其本身是不会有欲望的，也不会有伦理属性。因此，公司或者生产组织的伦理属性是其出资人伦理属性的体现。

开放社会的国际生产中，分工的源头在哪国，资本持有人的资本转让途径在哪国，亦即欲望的实现在哪国，决定了资本欲望及其背后所有者的政治倾向。不同伦理属性的生产者，依据其在国际、国内生产关系中所处的不同地位，获得不同人群信用的难易程度也因此不同。自古以来，人们从本国、本民族、本乡本土获得的信用是易于从外国人、异乡人那里获得。个人或生产组织得到了谁的投融资后，就进入了谁的信用体系。

在一国的市场竞争中，即使各生产者获得了一视同仁的法律地位，但其伦理属性还是起了极其重要的作用。例如：在甲国某产品市场上有3个竞争者，两个来自乙国，一个来自本国。实际上，这个市场的真正竞争者只有两个——乙国的和本国的。撇去关税等税收不谈，由于来自乙国的两个生产者的分配源头在国外，该市场的利润首先是在乙国和甲国企业之间分配，其次才在乙国内部分配。如果该市场数个竞争者均来自乙国，或者均来自同一个团结一致对外的文明类型，则该市场表面上是竞争的，实际上是被乙国或者来自该文明类型的企业所垄断的。

第七章　政府是社会逐利途径的搭建者

第一节　政治研究的至少四个自然历史维度

"天下熙熙，皆为利来，天下攘攘，皆为利往"。

在传统政治理论中政治是"经济的集中体现"。本书将其含义扩展到——政治是在特定条件下服务于特定人群逐利（包含避害）欲的实现，或为其搭建逐利途径。

这些特定条件，本书认为至少涉及了如下方面：

本国人口密度及其长期态势；依据自然形态及产业形态的人口密度动态分布；应对人口密度增加的潜力和方式。

本国内部及周边邻国的人种、民族、种姓分布情况；国内民族融合性及其形成过程；与周边国家民族的融合态势和空间之争，即本国与周边地缘政治国家的"冲突－应答"情况。

本国自然资源禀赋，气候地理环境，人与自然的突出矛盾以及对自然环境的改造；自然气候条件形成的农牧业区域范围；与他国自然条件的对比；地理条件形成的对周边国家攻防难易态势。

本国所属文明形态的地理范围；自身及周边国家所属的文明类

型和宗教信仰情况。

前序政权所处的社会逐利形态以及国际主流社会逐利形态。

本国生产力水平，生产分工多元化程度；本国社会阶层的对立、依附程度；阶层间流动、固化程度。

本国与国际一流生产力水平的对比；本国产业形态和产业链分布；本国在全球产业链中的分工与地位。

本国地理开放性、人员自然流动性、产业形态决定的本国人群的稳定程度，以及由此决定的社会治理需求。

本国社会孤立与开放程度；民众的欲望水平；本国生产力能够满足本国民众欲望的能力与程度。

本国社会生之道德、死之道德、分配道德在扬弃、波动过程中所处的特定历史阶段，亦即：本国、本文明的对内、对外道德体系的发展完善程度。这里主要参考相关标志性的起始时间主要有：进入父系社会的大致时间；建立奴隶制、封建制国家的时间；创建原发性成熟宗教（神灵实现哲学实体化）的时间；次要有：改创、皈依某一外来宗教的时间；民族语言文字成熟的时间，语言中表达道德观念的词汇丰富、微妙程度；姓氏脱离地域形态的时间等。

归结起来，上述特定条件或早或晚，或直接或间接地源于至少以下四个自然历史进程的影响：

人口密度；

民族融合性；

自然环境变迁；

生产力和科技水平。

说其是自然的，因其有一定物质属性；说其是历史的，因其在一定时期内要受到人们实践活动的影响。上述特定诸条件与四个进程之间的关联、作用机制前文也做了阐述。下面我们以大致历史时间为序简要回顾一下影响到人类政治制度变迁的相关要点：

地理、气候条件决定的依人口密度和民族融合性划分的世界三大文明类型。

以人口聚集为最初特征，不同氏族、部落、民族的分布密度增大形成杂居，促进了以血缘为纽带的原始社会解体，社会管理向区域过渡，国家就由此具备了雏形。

生产力发展，社会内部劳动技能分化，形成专业分工从而促进了私有制的产生。

人口密度增大，人们因土地产出获利形成竞争从而确立了土地私有制。

人群间密度增大，民族之间产生了征战，确立了劳动力（战俘）私有制，也使得人类从原始社会迈入部分逐利社会，同时依民族融合程度而决定了奴隶社会持续的时间和封建社会起始的时间。

服务于民族不融合而诞生的犹太教和婆罗门教，分别构成了地中海文明和印度文明类型的原生宗教，以及由此形成的宗教分化和教义变迁而定义形成了两个文明类型社会预分配制度的变化。中华文明由于较早实现了民族融合而产生了以宗法制为基础的按尊卑分配的非宗教性社会制度。

人口密度增加和生产力的发展促进了社会内部分工多元化，从而降低了人身依附程度，推动了人类从部分逐利社会向个体逐利社会的迈进。

交通和通信科技水平的提升令人类迎来了开放社会。生产力水平不均衡产生了跨国生产分工。这造成了许多国家内部生产技术交往层面、生产关系层面和上层建筑层面的分裂。

个体逐利社会人口密度持续增加，生产力水平提高生产出了更深、更广范畴的欲望。这使得社会欲望总量出现阶梯性急剧膨胀，社会矛盾碰撞加剧。人类需要建立整体逐利社会对个体欲望不当膨胀之恶开展持续否定，并构建社会逐利途径对欲望进行约束、引导。

由此，我们将人口密度、民族融合性、自然环境变迁和生产活动四个进程作为政治研究时需加以考虑，不可偏废的四个维度。它们交织在一起结成网状。政权面临的特定条件要么被四者直接决定，要么被四者通过宗教、社会预分配制度、道德体系发展情况等因素间接决定，即政权自身总要位于这张网的某一个节点。同时，在做研究、比较和决策时，也要重视周边地缘政权，较有世界影响力的政权位于其自身四个维度所结之网上的位置，以及由此对自身政权产生的影响。

从中短期看，一个政权要被当下诸特定条件所约束，自身也处于这四个维度在数千年发展演变中的某个阶段，这均构成该政权所实施政治制度的自然、历史局限性。从中长期看，一个稳定、一贯的政权尚有主观能动性去反塑造这些条件，并推进这四个维度的发展，特别是在认清其中的规律性后，便能主动开展改造实践。从千年以上的长期看，一个文明（有时和单个国家合一如：中国、印度）承担了这些条件和维度的改造与推进。

孤立社会中，各国家、文明类型大部分人文社科学术体系是以其自身的自然、历史经验为基础形成的。包括社会契约论在内的西方政治研究一开始就囿于其自然历史维度上的窠臼，一直秉承着"古希腊诸城邦——罗马王政、共和国、帝国——古代日耳曼各蛮族建立的王国——中世纪和罗马教廷——新教和近代欧美"的传统路径。

古希腊是西方政治研究的源头。其地处爱琴海周边的小岛和半岛之上，形成了数百个以部落为原型的城邦小国。海上交通方便，促进了各国交流，但由于海洋的天然隔绝，无法长久形成统一融合，偶有联盟也是出于一时政治上的合纵连横。各城邦政治组织形式的多样性为西方政治学研究提供了较多的样本和论题。由于民族不融合、战争频繁、商业借贷发达，各城邦社会始终存在贵族（奴隶主）、奴隶和平民三类人。其流行的各政治理论也始终围绕着这三类人的权力、义务、比例、组织等内容展开，政治实践上带有明显氏族部落的议事及军事组织形式。

古罗马也兴起于部落社会，文化、宗教及政治组织形式上也处处模仿古希腊。地缘上，地中海颇似放大的爱琴海，古罗马与迦太基、阿拉伯帝国、奥斯曼帝国等多个对手形成跨海、临海对峙。中世纪前期日耳曼、凯尔特等民族尚处于部落社会，西欧土地支离破碎，人们散居相杂，互不融合，甚至法律和司法各异。近现代西方世界政治制度多采取联邦制形式，如瑞士联邦、德意志联邦、美利坚合众国等。总之，内部民族众多，无法做到融合，国家（联盟）聚小成大以及频繁通过对外战争开展矛盾输出是自古至今西方文明在政治上的主要特征。

中华文明由于地理环境相对封闭，内部有较大回旋余地且有共同治水兴农的要求，使得从上古时代的众多部落，经三皇五帝、夏、商、周数朝代的兼并、联合相继成为诸侯小国、诸侯大国，并在秦朝实现了统一、融合。此后，中国的政治组织形式一改分封制为朝廷自上而下任命地方官员的郡县制，并在汉朝之后被各朝代普遍采用。中国官方政治哲学也从诸子百家的争鸣统一到了秦朝时的法家思想，此后在汉初短暂地选择了黄老之学，继而在汉儒之后统一为儒学。随后中国历代政治理论也基本围绕着君臣、官民、朝野、（成）王（败）寇、嫡庶等多个充斥社会的尊卑二元对立①展开，形成了主流研究语境。

为应对更大人口规模的政治治理，从长期看，中华文明采取了边民族融合边共同治理的方式；而西方文明则跳过民族融合这一步，并以某个人数不占绝对优势的民族为主，如盎格鲁－萨克逊人、罗马人、俄罗斯人，直接对其他民族开展治理，要么联合，要么奴役。如果治理不力，中国的方式是"水能载舟亦能覆舟"式地整体推到重来，但"改朝换代"之后中华民族大体还是融合、稳定的，选择退出的不多，而西方则多是联合体的分崩离析。人类的平等联合治理将经历部落级、部落联盟级、民族级、多民族级、国家级、文明级（人种级）等人群级别由小到大的"冲突－应答"后融合而达成。迄今为止，只有中华文明的融合度达到了人类史上最大规模的多民族级别。西方内部的政治治理模式，特别是英美，还有部落时期的影子。西方若要达到同中华文明同样规模的多民族级乃至更大规模的跨国、跨人种级的治理除采取暴力手段外，还有超越政治的宗教手段，通过共同信仰达成。但从数千年的历史实践结果看，亚伯拉罕一神教的信仰体系较不稳定，宗教冲突激烈，教徒群体容易分裂，这方面尚不如印度婆罗门教。当前全体人类赢弱的共同治理，如联合国，则是依靠核恐怖平衡达成。

开放社会到来后，在跨国政治制度的观察、比较和交流、移植中，能够摆脱自身文明、文化的历史局限性，通盘综合考虑各国所面临的特定政治条件、自然历史维度差异、开放社会之间的影响因

---

① 王洋：《伦理结构、尊卑与社会生产》，中国经济出版社，2011年，第33页。

素是难能可贵的。政治实践要在一定的社会道德体系下开展，参与者都会以自身的道德水平加以把握，因此同样的政治制度在不同的社会道德土壤中也会产生"南橘北枳"的效果。

此外，国家或文明之间某些政治差异产生的原因不在政治范畴之内。例如：社会生产力水平所产生的差异，使得水平较高的一方具备将社会内部矛盾对外输出的能力（具体实施输出与否另当别论），也能有效抵御外部矛盾输入，从而提高了政治治理效能，可保护国家内部政治制衡的各方不被外部势力利用。同理，强者趋于自由，就如同狼希望羊群自由奔跑而逐个将其吃掉，而弱者趋于集体联合防止被强者击败。西方一直保持着先进的生产力水平，会给人们在政治上留下特定印象。而一旦未来生产力水平发生反转，西方式微，将会是另一番景象，可能从反方再次验证上述规律。再者，宗教也是相对独立的因素，其与政治有着千丝万缕的联系，在不同条件下有相互决定、依附、利用乃至斗争的关系。政治是依靠暴力形成行动上的统一，宗教则是依靠信仰形成行动上的统一。宗教在其创教、改造时期要受到当时政治环境的影响，而一旦独立成为成熟社会意识后，相对于政治制度演化便具有了更大意识惯性。宗教、信仰、哲学等长达千年的思想传统对人的控制程度要比政治更加深刻。在大多数情况下引发教义改变的因素和对政治制度产生影响的因素不尽相同，且信仰传播的途径是国境线无法阻挡的，因此既定而成熟的宗教不会随政权变动而相应产生短期变化。

以下，我们举一个人口密度、民族融合性、自然地理环境和生产力水平四个维度对人类政治制度产生综合影响的例子——英美法系和大陆（德意志－罗马）法系的分野：

判例法是依据部落习惯开展治理的遗迹。英美法系能够保持判例传统至今，是因其主要实施环境一直保留了部落时期的某些特征。盎格鲁-萨克逊人本是日耳曼人的一支，生活在欧洲大陆，五世纪初迁徙到了不列颠岛，从此其生存环境就迥异于留在欧洲大陆的同族们。首先，岛居的生活使得在海权意识还不发达的古代，不太容易受到外部攻击，加之英国自身海军强大，生产力一直保持相对先进，使英国的政治环境中基本消除了外患和社会成员欲望的外流，因此没有开展中央集权的迫切需要，长期形成了"朝小野大"，司法治理重心在基层法庭，国王权力受到议会限制，也较少受罗马教廷牵制，即："教随国定"等政治局面。不同于欧洲大陆，强敌环伺使得集权国家频频出现，需要朝野各方集中力量一致对外。英伦和欧陆的这个区别决定了英国《大宪章》和匈牙利《大宪章》的不同成败命运。这个地理特点，也适用于孤悬海外的北美和澳洲。再者，盎格鲁-萨克逊人对不列颠岛原住的凯尔特人的驱赶和屠杀，使得本族部落法律和司法传统得以较为纯粹地保留，不受外族治理行动的干涉；同时屠杀和驱赶也保留了人口低密度，令部落传统在较长的时间内得以保持。在北美和澳洲，开疆扩土的英国采取的屠杀输出政策也取得了同样的效果。而欧洲大陆情况较为复杂——民族来往如织，被屠杀的对象能够很快逃遁甚至卷土重来，加之人口增长，人群间"冲突-应答"频繁，各族混居加剧，无法屏蔽民族之间的相互影响。频繁发生权力更迭的帝国通过统一颁布条文法指导具体案件，才能形成快速、高效的统治效果。这构成了大陆法系的根基，同时在哲学上也相应形成了以"从一般到特殊的演绎"为逻辑特色的欧陆唯理论传统。与此相对应，从判例的具体上升到法条的一般，为英国经验论哲学"从特殊到一般的归纳"发展提供了土壤。

英国上述这四个自然历史维度在十六、十七世纪为资产阶级首个政治理论——社会契约论的到来构筑了理想条件。洛克在这样的政治环境下完成的社会契约论必然要反映下层民众对国王（代理人）的种种限制和要求，形成分权与制衡，甚至罢免（如光荣革命的成果），并以此影响了后来的两位法国社会契约论学者——孟德斯鸠和卢梭，以及构建美国政治架构的联邦党人。

第二节　社会契约论的道德历史评价

人类不同阶段的政治理论要服务于人们在不同逐利社会时期的主要逐利方式和要求。新兴资产阶级的政治理论要服务于个体逐利，解决前序部分逐利社会的分配问题，改变社会的主要逐利途径。这方面的首要任务是反封建，并因此提出了社会契约论。社会契约论是迄今为止西方资产阶级政治理论的基础。

社会契约论狭义上指的是卢梭的同名著作，广义上指的是十六世纪以来以霍布斯、洛克、孟德斯鸠和卢梭等人为代表的政治思想。其基本观点是人在自然状态下出于害怕失去私有财产，为加以保全而加入契约状态，组成政治社会。每个加入者将自己的一部分权利转让给第三方，即政府。个人可以加入小的契约社会，小的契约社会（如美国的州）可以加入更高一级的契约社会（如联邦）。

近代西方继承了罗马法的衣钵和基督教浓重的约法传统，在人群具有较高流动性与不融合性的情形下，产生以契约为主体的政治理论是一个必然结果，同时地中海沿岸以及大西洋两岸的广泛商贸活动也为社会契约论提供了生产方式上的依托。宗教改革中马丁·路德提出的"因信称义"说使得西方新教徒内部，人无分等级——教士、贵族和平信徒在信仰上处于平等地位[①]。这为个体逐利社会的到来做了文化和信仰上的准备，并直接反映到了社会契约论的普遍前提——自然状态之中。自然状态和契约状态并非客观实际存在过的状态，是以主观形而上的方式想象出的情形。其论证过程虽然没有基于客观自然和历史的事实，但二者的提出却为人类社会首次打击封建主义提供了积极意义。霍布斯将人矮化为地位平等的野兽，这让社会大多数成员（除君王外）置于平等地位，同时打击了君权神授观念；进而洛克也将政府立于订约的一方，取消了包括君王在内所有贵族在社会分配上的特权。这样，在一个没有特权的自然状态下，每个人加入的将是一个至少表面上平等保护每个人私有财产的契约社会。

路德的"因信称义"及社会契约论中的自然状态，推动了人类从部分逐利社会的不道德向"人人"平等逐利的道德中性的过渡。诚然，西方社会契约论中的"人人"，即立约范围首先是白人基督徒内部。人与人之间的立约也是基于共同与上帝立约的形式，而后才在政治实践上被迫地扩展到了不分宗教和种族意义上的"人人"。如果个体逐利社会做不到自身所倡导的终极意义上的"人人"，也有道德上退回部分逐利社会"补课"的危险。

这两个状态的提出开始将人类从只承认奴隶主和封建主逐利权的部分逐利社会带入了一个主观构建的承认人人逐利权平等的个体逐利社会。社会契约论之后的西方主流政治理论为了防止政府再度像封建政府那样干预个体逐利进而提出了宪政、产权、自由主义等

---

① 王洋：《伦理结构、尊卑与社会生产》，中国经济出版社，2011年，第100–101页。

政治和经济理论以进一步限制政府权力。这个政治理论传统却在随后的社会道德上产生了不良后果。

人们对财产的追求是欲望驱使的，在一定分寸上存在善恶的公允尺度。政府保护了人们的财产权，避免了人们因私有财产冲突而人人自危的忧虑。但该理论也不加区分地保护了欲望本身，即在表面意义上既保护了所逐的合理欲望，也保护了所逐的过度欲望，形成了恶。法律对全体社会成员具有同等约束力，对小恶和大恶的约束程度相同，这就造成了对后者约束力相对薄弱，产生了广义上劣币驱逐良（相对不劣）币的社会效应，使得恶大行其道起来。特别是个人、少数人的恶，即过度的个体利益与多数人的合理利益产生冲突时，个体的恶会被法律当作神圣不可侵犯的权力加以保护。选票本身是选民实现欲望的工具，选票的叠加或是个体善的叠加或是个体恶的叠加。选举出的人是最能满足大多数人共同欲望的候选者，但这个共同欲望可能是群体对内、对外的善或恶。个体的恶隐藏在选民共同的意志中会变得有恃无恐。

主流社会契约论对道德作用的态度是漠视、否定的。自然状态被斥为暴力横行的野蛮状态，人际处于战争状态而类似于野兽间的关系。持这种观点的不仅包括社会契约论的创始人霍布斯，也有西方古典哲学的集大成者、总结者黑格尔。社会契约论提出之时，中世纪刚刚结束，西北欧洲一些国家才拥有自己的语言文字，尚未完全过渡到文明社会，其理论也迎合了在该地区取得统治地位不久的新教思想。

中世纪天主教秉承托马斯主义承认自由意志的存在，即道德存在的基本前提。其伦理学的核心是"自然律"——人的最初自然禀赋和倾向是一种趋善避恶，保持社会秩序的状态①。但这些思想却被新教神学中加尔文主义的"双重前定论②"取代了。加尔文对自由意志的否定，消除了人与无意识的器物之间的差异——人彻底沦为上帝实现自身意志与安排的工具，成了上帝任意摆布的玩偶。这在否定了道德存在前提的同时，也否定了人们追求道德进步的努力，而简单地以信或不信上帝代替了道德与否的评判标准。

加尔文主义对这一时期资产阶级革命③产生的意义在于——一方面在思想上为霍布斯将人矮化为野兽，为社会契约论提出否定人道德存在的自然状态提供了神学基础；另一方面为革命战胜天主教"神授"的封建王权提供了统一坚定的信仰力量。然而，在欧美普遍进入资本主义社会后，该思想却进一步加剧了西方人之间的战争状态——人们各自寻求上帝的"蒙恩确证④"并竞相通过被拣选的窄门⑤，激化了社会个体欲望的相互碰撞。

---

① 然而，托马斯·阿奎那又通过人追求道德的直接目的是幸福而不是上帝否定了人的道德与上帝的必然联系，即上帝依然没有赋予人道德的义务。

② 奥古斯丁认为人受上帝安排，命运属前定，但他的预定论是单一预定论——即：哪些人受到上帝的恩典和拣选进入上帝之城。此时，上帝给人恩典，使其蒙召，人的自由意志才能从原罪的玷污中恢复。神是主动的，人是消极被动的。他将恶归于善的缺乏和存在的虚无。上帝默许缺失和虚无有助于整体的善。加尔文在奥古斯丁对自由意志否定的基础上进一步提出了双重预定论——上帝不仅预定了哪些人得恩典永生，上天堂；同时也预定了哪些人受到永罚，下地狱。此时，信徒成了风箱里的老鼠，两头都要遵循神的安排，无法选择。人死后的审判即是终极审判。新教思想不同于天主教的炼狱观念——人死后还可以在炼狱受到考验后再去天堂。加尔文连这个中间状态都断然否定。但无论是奥古斯丁还是加尔文，他们对自由意志的否定还是不彻底，至少认为人还有选择做基督徒和不做基督徒的意志自由。

③ 英国资产阶级革命又被称作新教徒革命，王洋：《伦理结构、尊卑与社会生产》，中国经济出版社，2011年，第83页有阐述。

④ 王洋：《伦理结构、尊卑与社会生产》，中国经济出版社，2011年，第95-96页。

⑤ 《圣经·新约·路加福音》13章。

第三节　经典政治理论的道德历史评价

资产阶级一方面反封建，其政治理论防止政府如封建政府那样管得过宽，免得限制他们，一方面在夺权后又提防人人平等的契约社会真正到来——一人一票的普选制会为占社会大多数的无产阶级提供斗争武器。无产阶级政治理论试图在分配上解决资本主义社会存在剥削大多数劳动者的现实，代表了社会大多数人的逐利诉求，为人类进入整体逐利社会进行了准备。其观点认为，阶级产生于部分逐利社会的开端，拥有合法逐利权的奴隶主和封建主与不拥有逐利权的、被剥削的奴隶和农民形成在分配上对立的社会集团。国家是阶级矛盾不可调和的产物，是一个阶级压迫另一个阶级的工具。进入个体逐利社会后，特别是大工业时代后，基于剩余价值的剥削被表面上平等逐利权与貌似公平的劳动契约所掩盖。无产阶级政治理论提出于西方资本主义社会劳资对立最为激化的年代。

在孤立社会中，阶级之间的斗争是社会运动的一对矛盾统一体，推动了阶级社会，即部分逐利社会、个体逐利社会以及整体逐利社会早期的发展。这个矛盾既有对立的一方面，也有转化的一方面，这其中起决定作用的是国内社会分工。

在矛盾不激化的常规情况下，大多数人遇到分配不公、剥削时要权衡利弊，不是以触犯统治阶级法律严厉制裁的阶级反抗作为首要选项，而是要看社会现有的合法逐利途径能否解决自身社会分配地位问题。毕竟斗争的成本是巨大的，甚至要付出生命。如果个人可以通过社会现有允许的机制谋生、致富，无论依靠勤劳还是投机，都不会去冒险挑战现有的社会分配制度。在矛盾激化的革命时期，被剥削的人们常常联合起来，形成合力，以推翻统治者的政权。因此，表面上社会分为两个对立阶级，但在组成阶级的人员上，常规情况下（非革命时期）是有彼此人员流动的，这构成了阶级矛盾对立面之间的转化。这个流动机制就是社会预分配体系，看其能否体现下层民众的个人逐利要求，毕竟个体逐利社会之后的社会形态都需要个人欲望的基础推动。在奴隶社会、封建社会和资本主义社会早期，社会分工和逐利途径比较单一，底层群众上升渠道较少，此时阶级矛盾较易激化，颇有"你方唱罢我登场"的非此即彼性质。古代社会各文明类型中，只有中国科举制度和亚伯拉罕五教的某些教阶制度才给了普通个人在非战争情形下的逐利上升通道。但随着科技进步、人口密度增大，社会分工的细密化和人们之间普遍联系的加深，使得社会逐利途径多元化起来，人身依附弱化，社会贫富阶层也逐渐细密。阶级矛盾的转化缓和了其尖锐对立程度。古代社会政府（奴隶主、封建主）、教会是为数不多的社会生产分工源头和财富分配枢纽，而现代社会，各类企业、机构也成了社会财富的分配者。名义上，人们可以自建舞台，从事各种各样的职业，通过自身努力过上理想生活。随着科技和互联网时代的到来，越来越多的人掌握了生产分工的源头，能够树立自己的逐利途径，国内阶级矛盾有了巨大缓和。国内阶级矛盾既要看其对立性，也要看到常规情况下的转化性，既要看到阶级成员的联合与团结，也要看到个人通过逐利上升的欲望对社会发展的基础推动作用，不可偏废。

在开放社会，社会分工和逐利途径跨越了国界。如前面章节所提及，尚存在比阶级间剥削更加深刻的社会矛盾，不仅贯穿阶级社会，也存在于人类历史的非阶级社会阶段。生产者因此参与国内外不同的生产分工，其自身伦理属性也产生了变化。此外，我们还要考虑国家内部阶级矛盾和外部矛盾相互转化的问题，做出或缓和或加深其国内对立的判断。

从道德角度看，在没有代表先进生产力的阶级出现之前，旧的阶级社会内部，斗争所造成的人员死亡可能高于剥削本身。按照道德的经济学含义，死之道德远深刻于分配道德。黄巢、李自成、太平天国造成国家人口的大量死亡，这其中绝大多数是普通劳动者，其道德后果远比那些只剥削地租而非大规模消灭劳动者的地主阶级恶劣。统治阶级的改头换面只不过是一部分人的不当欲望战胜了另一部分人的不当欲望而已。只有代表先进生产力的阶级参与的斗争才能带来社会分工的改变和逐利方式的改变，促进社会分配方式向更公允的方向发展，这样的斗争才具有更高水平的道德意义。从人类历史实践来看，阶级之间的斗争无论其实践者先进与否，不能从根本上遏制住人性之恶——因为镇压和专政不能铲除欲望本身以及欲望膨胀，这如同鲧；只有通过逐利途径的搭建，引导、约束欲望的流向才能遏制恶的泛滥，就如同禹。

无产阶级政治理论是人类首个代表社会整体开展逐利的政治理论，但不能忽视个体欲望对社会发展的普遍推动作用，以及无产阶级内部、无产阶级政府内部个人欲望膨胀带来的恶，否则会在政治实践中产生三个"回炉补课"退回个体逐利社会的风险。

政治学、经济学和政治经济学是三门直接关乎人际利益的科学。研究时，要首先把人当作鲜活的，有七情六欲的，受到情绪支配的，即带有一切自然属性的人，要承认人性的存在；进而，要把人置于一定自然条件、历史时期中去看待，不能脱离他所生存的客观外部条件。这三门科学最终是要指导政治家、经济决策者开展实践的，社会要为其理论付出成本，甚至是以鲜血为代价的巨大成本。因此，就当代而言，全面、动态、客观、有所甄别地看待研究课题，深刻反思自己的历史局限性，减少社会付出的代价，是研究者们所要担负的历史责任。

第四节　构建政治理论的两个出发点

政治科学是主观理论和客观实践的辩证统一。客观的政治手段通过明面的强制和潜在的暗示要影响到人的主观情绪，以对人的主观选择和客观行为产生影响，从而对人的行为产生控制。

人有两种情绪可以被人利用加以控制——欲望和恐惧。前者是趋利本能的表现，后者体现出的避害本能是趋利本能的另一个方面。把这两种情绪加以利用的人既可以是政治人士，也可以是宗教人士，从而形成他们政治、宗教上的思想观念、理论体系和实践措施。作者前著[①]所提出的文化控制论中，将人的命运置于文化出发原点"神"或"人"的决定之下，以对人的行为产生控制。这个命运的含义就指在未知人生中，人要实现的欲望和规避的恐惧。

社会契约论和阶级矛盾论本身都是一种基于人避害本能的政治理论，前者认为人害怕失去私有财产，害怕通过近似于野兽私斗来解决人际冲突而制定、加入契约；后者则以暴力镇压引发专政对象的恐惧而迫其就范。政治理论以及人类的自我控制理论要对两个情

---

① 王洋：《伦理结构、尊卑与社会生产》，中国经济出版社，2011年，第45页。

绪兼顾考虑，不可偏废。因此，本书虽然认为避害是趋利的一部分，但希望更直接地将欲望作为研究对象，以欲望作为人们从事生产和社会经济活动的出发点，提出了基于欲望分析的逐利论作为新的政治理论和社会形态史观，旨在为——在开放的、相互影响的国际环境下，构建契约社会和有效权力制衡的同时，避免契约对过度欲望的保护，防止政府与法治沦为少数人的工具；在不忽视阶级矛盾长期性和曲折性的同时，促进阶层之间的流动，重视个人逐利的历史推动作用，积极构建底层逐利上升通道，防止阶层固化所形成的对立，并以此扬弃、统摄社会契约论和阶级矛盾论，形成辩证的否定和逻辑的上升。

逐利论认为，国家是本国社会逐利途径的搭建者，全球性大国是世界各国人民逐利途径的搭建者。所谓政府搭建的逐利途径——即作为超经济力量，掌握作为经济基础核心的分工源头，开展国内、国外生产分工以及生产角色分配，并调和不同生产者之间的利益矛盾——构建一种以暴力为后盾的涵盖国内外的统一、集中的社会分配权。国家在起源时便是部分逐利社会中一部分人开展逐利的工具，当前和历史上各个国家搭建的逐利途径已经普遍存在，也可以用逐利论去解释。

社会契约论已经基本释放了其积极的历史意义——完成了反对部分逐利社会，建立普遍契约下的个体逐利社会，以及在默认共同信仰的统摄下构建权力制衡政治构架的历史任务。阶级矛盾论也尝试释放了其积极的历史意义——通过实现公有制，构建了整体逐利的社会观念和社会形态，试图解决社会化大生产与资本主义私人占有之间的矛盾，用公有制整体的善否定私有制带来的个体的恶。逐利论从不否认两个理论为人类带来的进步，是人类智慧的结晶，也不妨碍从自身视角讨论两个理论以及一切其他政治理论阐述过的经典命题，如公务员体系构建、权力制约与防范腐败、财政税收、社会动员与执行能力、政府边界、选举和代表、维持社会稳定等。本章也将选取部分命题做深入讨论。

综上所述，当前人类的历史性变化给逐利论带来了机遇，希望它能发挥积极的现实及未来的历史作用——在开放的社会条件下，掌握国内、国际分工的主动权，有效管理、引导本国社会成员的欲望；在社会分工细密和人身依附弱化的情况下，搭建多元化的逐利途径，以缓和国内矛盾对立；在承认个体逐利为社会发展基本动力的前提下，有效协调社会化大生产和私人占有之间的矛盾，形成社会整体的善对各阶层（包括政府内外个体）恶的否定，乃至人类整体的善对一些国家和人群恶的否定，最终达到社会分配的公允和人类整体分配的公允，促进全人类进入整体逐利社会。

当下及未来政治理论的设计要服务于人口密度增大、民族融合推进、自然环境变迁、生产力水平提高四个自然历史维度的推进以及由此带来的新情况。在逐利论的框架下，政府需要承担道德责任吗？作为社会唯一合法使用暴力的机关，人类截至目前最高的自治手段，政府的暴力要么作为恶的工具，要么作为善的屏障。道德和善能够让人类良性可持续发展，而科技、民主、自由、人权等道德中性的事物中倘若任由其恶的部分不良膨胀最终则会祸及全人类，因此政治理论要遵从于道德历史发展规律。在人口密度不断增加，先进生产力不断生产出更深、更广范畴的个体欲望，导致社会欲望阶梯性膨胀，矛盾碰撞不断加剧的时代，在不将社会内部矛盾对外输出的前提下，代表社会开展整体逐利的政府（包括国内消灭阶级之后的半国家形态）需要配合道德体系的完善和道德水平的提高，并作为约束、遏制个体之恶，引导社会欲望的工具是要负道德责任的。

既然在整体逐利时代政府需要承担道德责任，那么政府有必要开展道德说教吗？任何社会都有必要开展道德说教。宗教文明类型的社会中，其承担者往往是教育工作者和神职人员；而中国传统社会中，承担道德说教责任的是包含教育工作者以及政府公务员在内的全体成年民众。整体逐利社会的政府都有责任去引导建立社会道德规范。同时，考虑到宗教在人类进入整体逐利社会后还将长期存在，各教派也须与政府一道分担此责任，从信仰的理论和实践两方面去开展。

第五节　论政府规模

在单位土地面积上，人们之间的基本联系数量和人口密度的平方成正比。社会必须出现调和人际关系和欲望碰撞的手段和组织，有的通过家庭来调和，有的通过教育、信仰或生产组织来调和，但最根本的是通过唯一可以合法使用暴力的政府来最终裁决调和。上述各组织内部以及之间的调和也需要由政府的强制力作为最后手段。政府是人类社会第一个普遍出现的整体社会规模级的自我管理组织，它的出现如前文阐述是人口密度聚集的一个后果。

暂不考虑其他调和手段，在政府调和力度相同的情况下，即单位数量的社会联系中通过政府作为调和手段的比例保持不变，政府规模应该与人口密度的平方成近似正比关系。这里的政府规模指的是政府调节社会关系手段的总和，并不完全指公务员数量。通过加强现代化手段，提升调和效率与总体能力，可在不增、少增人员的情况下，依然增加政府规模。

不能把"小政府、大社会"奉为教条。秉承这种思想的一个典型是卢梭《社会契约论》中的比例中项说，认为政府规模要与国内人口规模的平方根成正比；另一个是亚当·斯密以及后续自由主义经济学"看不见的手"说。

卢梭的小政府思想本意是从权力制衡以及政府作为一个可能不执行公意的僭越机构出发，认为在国家规模一定的情况下，作为比例中项的政府不能过大，从而导致公意对其约束过弱，以及政府对民众管束过强。他鄙视代议制。在其心目中，最理想的国度是日内瓦那样的城市国家。卢梭的小政府思想本质上是权力的代表与制衡等问题，不涉及社会的规模和复杂性以及政府的服务效能，没有考虑社会人口密度不断增大而产生需要调和的社会关系不成线性比例增多的趋势。随着人口密度的增大、治理规模的增加，代议制的有效性是各国均面临的问题，目前较好的办法是通过共同的信仰实践加以解决。

"看不见的手"的理论同样来自生产力较为先进的欧美强国，同样服务于能够自我圈定国民欲望不外流的孤立社会，与社会契约论立约状态的成立有着共同的先决条件。如此条件下，各种私人欲望碰撞形成的矛盾可向国外输出，而不受外国势力的干预和引诱，不会造成政权所依赖的经济基础的变质和溃败。但做好"守夜人"的成本并不低，作为政治上层建筑附属物的军队也算作政府范畴之内，国防开支巨大而不一定称得上"小政府"，保持生产科技优势的代价同样高昂。

第六节　论政府的边界

政府的边界是其国内社会具有道德属性个体的欲望和恐惧边界。这是政府的经济学边界，一边是计划，一边是市场；一边是管制，一边是竞争；一边是公有制，一边是私有制；一边是集体主义，一边是个人主义。边界的一方是政府的职能范围，包括社会常规管理职能和政治职能等；边界的另一方不是政府不作为地带，而是需要施加影响和引导的，用以实现社会整体利益。欲望管理方面，在存量分配上，政府要确保社会分配底线和公允线之间的安全距离。常规情况下，当社会成员的欲望膨胀超过公允线时要受到政府的阻止，这样就否定了个体的恶，也防止了内因性的国家解体。在增量分配上，政府要克服自然人和社会组织在存续时间和社会资源调动能力上的有限性，突破个体瓶颈，以创造社会整体福利和可持续发展能力。恐惧管理方面，政府要代表全体社会成员实施因个体嫌恶、恐惧、成本在所愿承受的边界之外，但又对社会整体有利以及去除社会危害的事项，并给予为社会做出牺牲的个体以补偿。

无论是中短期内应对前文所提及的当下诸特定政治条件，还是中长期对四个自然历史维度开展推进、改造，其实施举措多在社会个体成员的寿命、能力、恐惧边界之外，因此需要政府主打承担，并由此掌握好以下六个边界：

第一是生死的边界。"人来自尘土也归于尘土"——生死是人参与社会分配的起点和终点。政府要通过税收、土地等间接政策和生育、户籍等直接政策干预人口数量和密度分布，实现本国生存空间的动态合理分配。国家要致力于相关法治的建设以促进社会对内、对外的生死两个道德体系的进步完善。

第二是民族的边界，即国家内部相关的民族、种族、种姓的融合政策，以确保社会稳定；外部相关的移民（移入）、脱籍（移出）政策，以保证本国主体民族和国教信徒群体的包容与稳定。

第三是与自然环境的边界——政府代表了国民对自然的主观态度和客观实践的总和。作为"自然——人类——自然"两个循环的最终屏障与调和者，政府要确保本国自然条件适合生存，并按照人们的需求开展改造。

第四是与其他国家的边界——政府要在边境、国防、金融、科技、产业链和产业结构、知识产权等领域保证自身国民的逐利权力，防止外部矛盾的输入与国家外因性解体；要控制社会生产分工这个国民欲望的源头，解决和协调本国构建的逐利体系与他国构建的逐利体系之间的竞争性矛盾。守住这个边界的本质是国家间生产力竞争。

第五是与前序政权的边界——建国初期的戡乱，以及对原政治制度和社会逐利形态的改造。

第六是处理与其他社会意识上层建筑的关系，以协同一致地服务于生产活动。这首要是对官方和民间信仰的选择。凭借政府内部乃至全民内部统一、坚定的信仰，使之成为另一种超经济力量，产生共同的认识和意志来配合具体政策实施，以协调分散的社会经济活动，这与政府的政治职能是相辅相成的。政府为民众选择信仰，也能够协同管理社会成员的欲望，配合解释自身主导的社会分工体系的合理性，并实现持久深入的传播承继效果。汉武帝之后千余年，中国以儒家思想治国；罗马君士坦丁大帝、日耳曼蛮族首领克洛维主动皈依基督教；英国资产阶级革命借助的宗教斗争形式，都是官方的主动选择。截至目前，真正曾经具有过全球影响力的大国——荷兰、英国、美国、苏联和中国都无一例外地具有统一、坚定的官方信仰。前三者是基督新教，后两者是共产主义。除自我主动选择外，一些政府也要主动面对存续时间远远久于自身寿命的宗教和文化预分配制度，做出要么顺应要么改造的抉择，例如：阿拉伯帝国之后的各穆斯林国家所要应对的伊斯兰教，雅利安人之后各外来的印度统治者所要应对的婆罗门教。特别是政教分离的国家，例如：古埃及、罗马帝国和中世纪西欧各国，政权还要和具有社会分配权的僧侣集团开展斗争。除了官方信仰、官方哲学和宗教等直接反映社会利益分配关系的社会意识外，教育、语言等对生产力水平和生产关系产生的影响虽间接，但却十分重大的社会意识实现手段也需要政府积极加以干预、引导。语言，在国内交流中只起中介作用，而在国际交流中却可作为开展生产分工和财富分配的依据和手段；教育可以改变一国民众的世界观，即看待客观物质世界的根本态度，因此持续数代人的科学教育，才能形成科技和生产力水平的内源性提高。

第七节　论开放社会条件下的执政基础和政治甄别

政治的首要问题是分清敌我，因此，政权需要解决的首要问题是执政基础，即依靠谁执政？

在开放的社会，人们有着不同参与生产活动的选择，要么是本国所组织的，分工源头在国内；要么是他国所组织的，分工源头在国外。个体参与的选择要看满足欲望的情况。本国组织的生产活动，无论其内部之间存在剥削与否以及程度如何，获利之人大部分在国内；在他国所组织的生产活动中，本国获利程度要看外国生产组织者的分配决策，但不会占主要部分。而参与方式除了直接参与之外，也包括参与的准备，例如：学习语言，接受教育，拓展人脉信用等。

一国内部由于存在不同生产参与路径，亦即逐利途径，而分裂产生两大社会集团——主要参与本国组织的生产活动的国民为"本国集团"；主要参与他国组织的生产活动的为"他国集团"。诚然，一国之内可能有数个"他国集团"，如主要参与欧美国家的，主要参与日本的，主要参与阿拉伯国家的。为阐述简便起见，这里我们选取参与人数最多的，参与对象国对本国政治态度类似的，或对方民族和宗教类似，属（异于本国的）同一子文明类型的他国集团合并为一个。

本国集团和他国集团在开放条件下构成了该国的两个经济基础，即两大类生产关系。两大集团的对立程度从定性方面看是本国和参与对象国的历史恩怨、彼此情感、民族融合、民众信仰对立等情况；从定量方面看是本国生产力总体水平落后于对象国的程度以及两个集团在本国经济总量中的份额对比。

诚然，本国集团内部也存在剥削关系，形成本国集团内部阶级之间的对立。政府作为政治上层建筑要为本国集团中的剥削阶级、本国集团中的被剥削阶级或该国的"他国集团"三者之一服务，使其成为执政基础。如果服务于第三者，则该国实际上为他国政治上的附庸。

本国集团和他国集团的矛盾存在对立，其彼此间人员流动也构成矛盾转化。政权要对人或组织进行政治甄别，以具体区分敌我。

传统孤立社会的生产关系中，大多只存在本国国内的剥削对立。在政治甄别上，除观察政治立场、态度外，主要依据人在生产关系中的地位，即占有生产资料的情况。在开放社会的生产关系中，在对个人参与"他国集团"开展逐利行为进行政治甄别时要考虑以下方面：

第一，甄别对象要排除未成年人，排除基于本国国家意志参与他国生产的人员。

第二，要看参与的主动性，这是判别的根本——要排除被掳，被奴隶主贩卖，被产业生态胁迫等无法自我选择的。

第三要看其参与他国生产所满足欲望的层次——如果一些国民无法从本国的生产活动中满足最基本的生存需求，游走于温饱边缘，由此远走他乡的要排除；在满足基本生存需求后，如果相当多的国民在实现更高级别欲望时，国内尚无相关逐利途径，国家则有责任为国民补充搭建逐利途径。

第四要看参与时间长度，即占一个人生命年限的比例，要排除临时性参与。

第五要看在参与的同时为本国带来的利益，例如：学得技术和管理经验后选择回国的。

对社会组织的甄别方面，可参见前文"资本的伦理属性"部分，要看其所有者和实际控制人的逐利实现途径是怎样的——从哪国发起？运作经费的来源？受哪国法律监管？获得谁的信用？特别是作为逐利组织的企业，不能看其产品的购买者来自何方，因为购买者虽然是它收入的主要来源，但目标客户群体是其产品设计和市场定位中被人为设定的，也可能沦为掠夺对象。对于资本的所有者来说，商品销售收入并非首要，资本所代表的欲望实现增值的途径才更重要。资本的根本逐利途径是解决资本从哪里来，利润如何分配以及增值后到哪里套现的问题，因为资本的逻辑起点是 " G——W——G'[①] " 而不是商品循环的 "W——G——W'"。某国民族资产阶级的逐利途径是骑墙的，则表示它既要通过本国组织的生产活动逐利，也要通过他国组织的生产活动逐利，这注定了其政治上的摇摆性。和英美资产阶级相比，某国的民族资产阶级若没有统一坚定的信仰，则注定了其政治上的软弱性，因为前者共同信仰的基督新教是经历过血雨腥风考验的，其信仰的树立过程也就是其逐利途径的自我搭建过程。

以阶级的观点进行政治甄别，基于当下和过去既得利益的分配结果，是相对静止地看问题；以逐利的观点进行政治甄别，基于分配结果的同时也基于未来逐利预期，是以相对发展和动态的观点看趋势。前者的好处是易于在政治实践中开展操作，因为既得利益容易界定，判别标准相对简单，在戡乱时期和政治清算中，能够迅速甄别某些人或组织对政权的威胁。但该方法缺点也比较明显，容易犯忽略矛盾特殊性的错误。在常规社会发展时期，人们各自逐利，参与各类经济生活，逐利论比较适用，但缺点是观察起来比较隐含、动态和前瞻，容易受到被判别对象的蒙蔽。

政治甄别的主要目的是解决政权依靠哪些人建立的问题，如何选择后续干部和接班人的问题，社会主体骨干由哪些人担纲的问题，因此要区分社会上的几种人：坚信本国能够超越外国，坚持通过本国搭建的逐利体系实现人生目标的人，是政权建设主要依靠的

---

① 货币资本循环和商品资本循环的区别，详见《资本论》第一卷。

力量；骑墙的，尚未思考如何选择的（包括未成年人），时而、暂时、被迫通过国外生产体系逐利的，要积极团结争取；主动的，决绝的，在国内有同等逐利途径的情形下，依然选择国外逐利途径满足高层次欲望的，在生命大部分时间内通过国外生产体系逐利的，逐利的同时不为本国带来利益的，需要提防。

第八节　国际政治竞争是搭建逐利体系的竞争

以上讨论的开放社会中，存在生产力差距的两国国民在从事的生产力交流和生产关系互动中并没有受到各自政府的干涉。本节，我们讨论政府在开放的国际化生产环境中的作为。政治作为集中的经济，政府要为自身国民中"本国集团"构成的经济基础进行服务和引导，拓宽人员范围，增加代表性，以获得更广泛的执政基础。

在讨论相互干涉前，我们先讨论某国政府搭建的逐利体系对人的既定吸引力，即给外国潜在逐利者的暗示和预期，暂不涉及具体分出多少，分配给谁，分配方式等。首先是可供分配的利益总量，这决定了其能够满足多少人的逐利需求。一个国家财富的来源无非三类：自然资源总量（含土地）、自我创造总量和从他国转移的总量，这构成了它所能分配财富的总和。人们在选择从哪国搭建的途径开展逐利时首先要看这个总量，且并不在乎，也分不清这个总量的道德属性——哪些财富（上述前两类）是道德的，哪些（第三类中强取豪夺的部分）是不道德的，以及占比如何。再者是人均占有财富数量，决定了逐利者预期中自己获得财富的多寡。移民是最彻底地融入他国的逐利方式，也是最大限度地享受他国财富的方法。

在人均财富相同的情况下，人口密度低的国家占据优势，这意味着可接受外来逐利者的空间潜力较大。此外，气候舒适、环保、治安良好的国家所建立的逐利体系比较占优，这是人的本性使然。在一些人口密度较大的贫穷国家，政府本身所搭建的逐利体系从总量和人均两方面均无法满足所有国民的基本需求，就会形成溢出，把人赶入"他国集团"的怀抱。

随着社会开放的加深，人们交往越来越密切，一国能将完整产业链保留在国内的情形越来越少。由于不同国家掌握着不同生产要素优势，跨国生产与分工合作越来越普遍。各国通过生产活动搭建的逐利体系不断交织和碰撞，会产生竞争和干涉。当今时代，全球性大国是一个全球性逐利体系的搭建者，不仅为本国，也为全世界的人们提供逐利机会。大国间的全球性竞争，很大程度上是在全球范围内搭建逐利体系的竞争。

逐利体系的干涉与竞争属于政治对抗，会发生在生产技术交往、生产分配交往，政治交往以及精神交往等各个层面。控制或干预了一个国家的物质生产活动，就能控制和干预这个国家的经济基础和上层建筑。此类竞争的主要手段是以自身构建的逐利途径的既定吸引力和内部逐利机制为基础，以"本国集团"为根本，兼顾那些参与本国生产的外国人的逐利需求，加强并保护本国逐利途径不被干涉，削弱竞争国构建的逐利途径，防范本国权力范围内通过敌国途径开展逐利的生产者。所谓强国的"强"，是指在常规情况（非战争）下，在逐利体系搭建和运转上控制得住逐利之人，逐利之人欲望的目标，以及实现欲望过程三个方面，并且能够对利益分配结果做出有利于自己的解释。

在控制逐利参与主体，即人的方面，竞争的一方可在他国人群中树立参与本国逐利获得成功的少数个人作为"样板"加以宣传，以首先对他国的公务员、科研人员等精英阶层产生影响。哪怕该国真正给予他国国民的逐利途径甚少，结果甚寡，乃至设置"透明的天花板"，这是对他国政府执政基础的直接侵蚀。将他国国民吸引至本国开展逐利时，可借机输出政治理念。如果他国富人定居本国，则是对他国财富的直接转移。

在控制欲望的目标方面，竞争的一方要描绘人们得到利益后，能够在本国获得舒适、优雅、体面乃至奢侈的生活，而且无论获利多么巨大，都能在本国获得相应级别乃至顶级的享受，以此来控制人们欲望的终极目标。因此，凡直接涉及欲望的，如娱乐业、奢侈品业、广告业、文化旅游业等行业；以及培养欲望导向的，主要是国民教育；国家要有意识干预以掌控欲望的源头。其中，谁控制了娱乐业和奢侈品业，谁就控制了当今普通社会成员的人欲、物欲的终极目标。娱乐明显起着重要的导向作用。这些行业若通过引导社会欲望将其框定在本国生产活动的范围内实现，则可以对本国政权构建的逐利体系产生积极影响。若一国国民中相当部分实现其物质欲望，取得其事业成功须经他国搭建的逐利途径达成，则对该国政权十分不利。

在控制实现欲望的过程方面，竞争的一方要牢牢把握暴力、科技两个分工源头，以及随之形成的生产过程体系。暴力的基础是加强国防，而现代国防的基础还是科技。科技的把控途径有两个层次，一是以国家的力量开展理工科教育和基础学科研究，以实现对先进者的追赶。二是在研究成果转化为生产力时，须构建知识产权和工业标准布局以及自身产业生态系统，从源头上保证本国对逐利者的控制权、排他权，增加其转投他国的成本。在剔除敌对政权及其所属企业搭建的产业生态系统时，如果其过于强大，没有一家本国企业能够撼动，或本国企业被分而治之，或本国企业脱离对方体系成本过高，就需要本国政府出面组织实施，甚至动用立法工具。在控制生产过程方面，即产业链分工和利润分配上，竞争的一方要能够控制生产环节流入和流出本国时的定价权，以确保利润不被他国过多转移。无论是政府还是民间建立的涉及科学技术、产业、资本的奖项、排名、指数、信用评级等是在世界范围内树立的自身价值上的评价标准和尺度。其主要作用是对自身资产和劳动价值高估以增加交换价值，同时对竞争者低估以贬低其交换价值，由此服务于本国主导的国际利益分配，并对分配既定结果给予解释。在资本市场建设上，要吸引全球资本在本国实现其最终欲望（利润分配和股权转让），并同时受到本国法律监管。资本市场拥有赋予生产者伦理属性的功能——是将生产者纳入自己的信用体系还是将其逼入他国的信用体系？生产者的伦理属性很大程度上决定了生产者的敌我划分。资本输出是在境外搭建面向外国人的逐利途径。

　　总之，在国际间构建竞争性逐利体系是吸引来在本国才能实现的欲望，以及在本国才能规避的恐惧，以形成优势。单一大国构建的国际性逐利体系，正所谓的"单极世界"不免要对普通国家产生剥削和压迫。如果由联合国或主权国家主导建立三至四个全球性逐利体系，并彼此形成竞争和制衡，将比较有利于世界的公平和繁荣。

第九节　论道德观察的判断障碍

　　对任何现存成熟的政治体系、道德体系和信仰体系都可以对其实践者的行为善恶进行长期统计和后评价。目前人类主流的政治模式、主要宗教、主要文明和国家都已经存在了较长时间，已经积累了足够多的行为统计样本，无论其口头宣扬什么，其自身行为已经令其原形毕露了。这就使道德评价大大褪去了意识形态含义。该含义中的道德评价要服务于本国生产关系中的分配矛盾；在民族间频繁碰撞的时代，也要服务于国家间和民族间的生存矛盾；在开放的社会条件下，更要服务于各国之间搭建逐利体系的竞争。争夺名义道德制高点是逐利竞争的最高境界。各逐利体系的搭建者都要用名义道德来捍卫自身分配体系，阐明分配机制的合理性，分配结果的正当性。

逐利者本人亦易按照自己的逐利预期，以及关乎自己个人切身利益所产生的好恶去开展道德评价，以解释自身逐利行为，而不问所逐之利的道德正当性；不问逐利途径搭建者的对内、对外道德基于长期统计的真实评价；不顾通过该体系较快满足欲望时所遇到的善恶拷问。这是阻止个体做出道德真相判断的障碍。某社会的逐利体系虽然相对公正，但损害了某些人的利益，而可能使他们产生对社会整体道德以偏概全的厌恶感。在人口密度大、生产力不发达的社会，公允的利益调节较易触碰更多人的利益底线，容易让更多人产生此类判断障碍。此时，人们开展道德评判的尺度往往是自身利益，而非客观实际。

任何非西方社会中都有一部分人从西方的社会分工中获利。西方满足了他们的欲望。他们先于自己的同胞享受到了优越的生活。面对恩主，他们不免要在道德上歌颂一番，给自己获利之源，以及自己本身不同于同胞的逐利行为披上道德的外衣。

富裕程度越高的逐利体系越能满足更多逐利者的预期；越能容

纳更多逐利者的逐利体系所宣扬的道德就越能赢得个人逐利之心。因此如前文所提及，国际社会当下流行的道德判断标准不一定是现存的最高道德标准，而是生产力水平最高，亦即最能给予他国国民逐利期望的国家的道德标准。

国际逐利体系的竞争对抗中，各逐利途径的搭建者可以人为制造道德判断障碍去贬低竞争对手以及掩盖自己的罪行。除了前文提及的——不道德的一方通过减少竞争者可供分配的财富总量和人均财富拥有量，令其社会分配的公允线轻易击穿生活底线，以此制造其道德不堪的假象外，亦可用掠夺来的财富激起他国国民的逐利欲，从而借机标榜自己的道德，涂抹不堪的过去，"野化"前来参与本国逐利而原本善良的人们。一国屠杀了另一国大部分国民，为避免报复，让残存的该国国民通过本国逐利，包括现世的利益和彼岸天国的利益，令其改信自己的宗教，可将对方被屠杀的原因归咎于不信自己的神。总之，在国际对抗中，那些不基于长期客观统计结果而贬损他国道德的，无论使用了何等冠冕堂皇的说辞，多是为其损害他国利益，甚至开展屠杀输出做舆论上的准备，同时隐藏自己的不良动机。

后记　人类道德的未来史

人类道德进步是非常曲折的，但一定朝着进步的方向前进。能够支撑我们确信这一点的是人口密度增大和人类民族大融合两个自然历史趋势。人口密度增大必然带来对欲望的约束；民族、宗教融合必然消灭原本的区分和歧视。对待欲望"合理均等"与"约束、调和"是本书认为"善"的两个要件。要阻挠或扭转人类道德的历史性进步，要么人为地降低人口密度，如大屠杀、核战争；要么搞种族、种姓隔离，民族、宗教区分。

人类社会的终极状态是高人口密度与高民族融合性。任何政府要么顺应这个趋势并做出准备——遏制、约束不良欲望，引导合理欲望，不将社会内部矛盾外化，同时促进民族融合；要么倒行逆施或不作为。

人类的密度、欲望和民族差异既是自然存在，也是社会历史存在；它既是人的自然属性，也是人的社会属性。在必然王国中，人们被它们盲目支配；而在自由王国中它们将被人们有意识地驾驭、引导和改造。

从道德的经济学含义上看，屠杀者要恶于被屠杀者，因此只要人类存在主动屠杀，就会带来恶的增大和善的退却。屠杀者可以通

166

过灭绝的方式从根本上消灭民族之间，国家之间，乃至文明之间的矛盾，但人类的道德却大大退步了。呈现给后人的历史是胜利者的信口雌黄，是史诗或牧歌般的自我标榜；失败者被描绘为不堪的样子。我们不能指望历史实践上的行恶者具备历史记录上的善行。

一国屠杀掠夺所得土地和财物属于不当得利。其子孙虽无杀戮之恶，但却继承了不当得利，至少土地的原属是可以厘清的。他国国民通过该国逐利，不会承担该国获不当之利的道德责任。该国屠杀带来人口密度的减小扩大了接纳外来逐利者的容量。该国搭建的国际逐利途径覆盖越广泛，其历史恶行被追究的可能性就越小。一个人群（大到全人类）其种族、民族、宗教的单一，可能是融合的结果，也可能是屠杀的结果。核战争可被用来消灭敌国异己的种族和宗教徒，也可被用来纯化自己国家的种族和宗教徒。

人类经历过大屠杀，人口密度下降，留存人口的道德整体水平因屠杀者占比增大而下降；继而人口密度增长，再次带来道德调节水平的提高和道德体系的完善。当人口密度持续增加，生产力水平提高，欲望范畴扩大，现有道德体系无法容纳、调节新的欲望总量和矛盾碰撞时，屠杀就要再一次降临，周而复始。古代孤立社会中，人类道德历史就在这个循环中缓慢前行。如今开放社会，随着科技进步，大规模杀伤性武器被屠杀者和反屠杀者掌握，人类道德潜在的退步步伐也将加快。屠杀者往往是那些对高人口密度容忍度较低，习惯通过矛盾输出解决欲望碰撞的人群。特别是当其他民族、种族、宗教徒的人口密度、国内外人口占比增加对自身民族和宗教形成优势和挤压，矛盾输出无法维继的时候最容易触发大毁灭。届时，人类道德，无论是生之道德、分配道德发展扬弃到哪个历史阶段，都将随着死之道德的周期性终结而终结。人类密度随大

167

毁灭而大大降低，三个道德进化再次推倒重来。当今的文明又成了未来人们对远古的朦胧记忆。

这种周而复始受制于人类对自身社会意识认识的局限性。前人面对着被创造的历史存在，无意识地将自己置于这个必然王国之中。今后之人对这种规律性的认识只有越发深刻，才能越发获得判断和实践上的自由，从而开始以主观能动性去改造自身的社会关系，并驾驭以前曾经被动接受的社会意识。只有这样，人类才能最终成为自己道德、宗教和文化的真正主人。

本书对人类基于道德的社会分配史，就暂时讨论至此。既然人类社会道德体系已经成为现实存在，那么如何去改造呢？我将在后续写作中讨论，敬请期待。

关系到人类生死存亡的，首先是各国家、宗教的对外道德。对内道德的败坏只能使自身衰微而无法造成全人类毁灭。人类会大概率亡于一个屠杀输出型群体。从一般人类无差别的对外道德标准——屠杀输出量来看，地中海文明类型中的一些国家、宗教占比较大。我的后续著作将会着重关注、讨论亚伯拉罕一神教诸文明的改革，特别是基督新教的再改革。对西方文化进行改造，从必要性来看是要避免其继续开展大规模屠杀输出，从而挽救人类道德一再倒退，乃至大倒退；从可能性来讲，目前已经看到了西方文明从生产力角度被其他文明超越的希望——代表更先进生产力的文明能以其自身生产力为基础去影响、改造西方文明的社会意识，从而能够担当这一历史使命。

既然亚伯拉罕五个一神教与印度教是民族不融合的产物，那么它们都需要经历一次或多次宗教改革以适应人类民族融合的大趋势。这些国际性宗教不仅服务于物质利益分配矛盾，更服务于空间分配矛盾，并对人类各异的生产力水平和多样的生产关系及其快速变化保持了相对稳定，因此宗教不能被看作生产关系所能决定的社会意识上层建筑去加以改造。能够对宗教变革产生影响的，需要首先从神学开始，解释教义同生存空间分配与社会生产分配的关系，降低教义对两个分配的指导性以削减其教旨的原初活性，进而以政权和武装力量为后盾对其开展符合历史变化趋势的信仰改革。前者涉及了神学，后者涉及了宗教与政治的关系。体现空间和世俗利益分配公允的教义变化才是一个宗教道德进步的标志。

由此，人类若要避免自我毁灭须确立两个原则：一个是反对屠杀输出原则；一个是不以牺牲他人、他国利益的方式去实现自身宗教信仰的宗教宽容原则。

自古以来，人类经历了原始共同逐利社会，后被人群密度增加和民族杂居、冲突以及生产发展所扬弃。国家的诞生伴随着部分逐利社会的到来，并在人类有记载的文明史中大部分时间内相继服务于社会上部分人的逐利，而无论是在名义上（奴隶主、封建主阶级）还是在实际上（始终占社会一小部分的资产阶级）。以往的道德历史是一部分人对另一部分人欲望的遏制、约束历史。

随着整体逐利社会的诞生，国家开始服务于社会上大多数人的逐利，继而开始向非政治国家，即“半国家”形态过渡。这个逐利的整体涵盖的人数越多，则国家存在的目的越是向善，并最终实现服务于全人类整体逐利的共产主义，此时国家形态便消亡了。

人类进入共产主义阶段从目前趋势看是以人口高密度为前提。人口密度越高，带来人际之间的欲望碰撞越是激烈，满足这些欲望对生产力提出的要求也越高。由于人欲望的无限性和前瞻性，“稀缺与欲望”的矛盾将始终贯穿人类历史。经典理论希望共产主义以生产力极大发展的方式，即从增加这个矛盾的"供给方"以解决稀缺问题，而这只能解决矛盾的一个方面。既然共产主义阶段依然存在个人欲望以及欲望间的冲突，其也需要调和，那么社会意识本身也要被有目的地改造，从而形成水平更高、更公允，且充分考虑人性特点的道德体系。人类社会只有全面发展出欲望自我约束、引导的整体道德体系后，才能通过遏制"稀缺与欲望"这个矛盾的"需求方"以解决问题，人类才能成为自身社会关系的主人，才能实现自身整体的全面发展而进入"自由王国"。由此，人类道德体系的发展和演变也构成了人类道德的未来史。

声　明

一、要确立道德史观研究者与其个人道德相分离的原则。研究者无须具备高尚道德，但须承认欲望的存在及其一定程度上的合理性。因为高尚者本就稀少，也未必能够承认欲望的合理性，且推动人类道德进步不能仅靠高尚者。

二、《人类道德史》的任何一段文字的写作目的都是为了推动人类道德进步的历史进程。如需改动、翻译或后续发展，请以比本书更能推动人类道德进步的方式开展。

三、《人类道德史》的理论及其后续发展要服务于全人类，而不是某个特定人群（例如：民族、国家、宗教团体、企业等），立场不应偏颇于这些人群。因此，要务必最大限度地符合各民族、国家、宗教和文明所共同承认的公序良俗。后续的翻译者要尽最大可能保持各语言版本一致，用一套文本、一套理论去经受长期历史检验。